"互联网+" 新形态信息化教材

"Internet Plus" New-form Informatization Textbook

Python语言编程基础

邵淑华　曲立超　周　玲◎主编

天津大学出版社
TIANJIN UNIVERSITY PRESS

内容简介

本书是为了满足专业建设最新人才培养目标和教学改革要求，依据《教育强国建设规划纲要（2024—2035 年）》的有关规定，坚持立德树人、德技兼修的育人理念，由模范教师、师德先进个人牵头，在征求企业相关领域专家和技术骨干意见的基础上，采用模块化、任务式的方式组织团队编写的“互联网 +”新形态信息化教材。

本书共分十个项目，内容主要包括初识 Python、Python 编程基础、流程控制语句、数据容器（序列）、函数的应用、面向对象程序设计、异常处理、文件操作、网络爬虫和办公自动化等。

本书可作为职业本科院校和高职院校的专业教材，也可作为 Python 编程爱好者的自学教材。

图书在版编目（CIP）数据

Python语言编程基础 / 邵淑华，曲立超，周玲主编. 天津 : 天津大学出版社，2025. 7. --（全国高职高专院校计算机类专业规划教材）（“互联网+”新形态信息化教材）. -- ISBN 978-7-5618-7876-7

I. TP312.8

中国国家版本馆CIP数据核字第2024RJ7157号

PYTHON YUYAN BIANCHENG JICHU

出版发行	天津大学出版社
地　　址	天津市卫津路92号天津大学内（邮编：300072）
电　　话	发行部：022-27403647
网　　址	www.tjupress.com.cn
印　　刷	廊坊市海涛印刷有限公司
经　　销	全国各地新华书店
开　　本	787mm×1092mm　1/16
印　　张	11.75
字　　数	286千
版　　次	2025年7月第1版
印　　次	2025年7月第1次
定　　价	49.50元

前言

Preface

当今时代，科技的迅猛发展正深刻地改变着世界的面貌。人工智能技术已然成为推动各领域变革与创新的核心力量。从智能家居到智能医疗，从智能交通到智能制造，人工智能的身影无处不在，它不仅重塑了产业格局，也对人才培养提出了全新的、更为紧迫的要求。与此同时，教育在国家发展战略中的基础性、先导性、全局性地位愈发凸显。《教育强国建设规划纲要（2024—2035 年）》（以下简称《纲要》）的出台，为我国教育事业在新时代的高质量发展指明了清晰的方向，其中职业教育作为与经济社会发展联系最为紧密的教育类型，被赋予了重大使命。

一、时代背景

近年来，人工智能技术取得了突破性进展，其应用场景不断拓展。在医疗领域，人工智能可通过对海量医疗影像数据的分析，辅助医生进行疾病的早期精准诊断，极大提高诊断效率与准确性；在金融行业，智能算法能够实时监测交易数据，有效识别潜在的金融风险与欺诈行为；在制造业中，基于人工智能的自动化生产线实现了生产过程的智能化控制与优化，提升了产品质量和生产效率。这些显著成果充分彰显了人工智能的巨大潜力，也预示着未来社会对掌握人工智能技术相关人才的需求将持续井喷。

职业教育作为培养高素质技术技能人才的主阵地，在人工智能时代面临着前所未有的机遇与挑战。一方面，人工智能技术为职业教育的教学模式创新提供了强大的技术支撑。例如，借助人工智能的自适应学习系统，能够依据学生的学习进度、知识掌握程度和学习习惯，为每位学生量身定制个性化的学习路径与学习资源，实现真正意义上的因材施教。虚拟仿真技术在职业教育实训教学中的应用，可模拟出高度逼真的工作场景，让学生在安全、可控的环境中进行反复实践操作，有效提升学生的实践技能和应对复杂工作场景的能力。另一方面，随着人工智能在各行业的广泛渗透，传统职业岗位不断被重塑，新的职业形态和岗位如雨后春笋般涌现。这就要求职业教育必须紧跟时代步伐，及时调整专业设置和课程体系，以培养出契合市场需求的新型技术技能人才。

二、政策引领

《纲要》明确指出，要加快建设现代职业教育体系，着力培养大国工匠、能工巧匠和高技能人才。这一战略部署充分凸显了职业教育在教育强国建设中的关键地位和重要作用。职业教育作为我国教育体系的重要组成部分，是国民教育和社会发展的基石之一。它不仅承担着培养数以亿计高素质劳动者和技术技能人才的重任，更是推动产业升级、促进就业创业、服务经济社会发展的重要力量。

为落实《纲要》内容，职业教育需从多方面进行改革与发展。在专业设置上，要紧密对接产业需求，尤其是要围绕人工智能、大数据、云计算等新兴技术领域，增设相关专业或对传统专业进行智能化改造，形成与区域产业结构相匹配的专业布局。在人才培养模式上，深化产教融合、校企合作，鼓励企业深度参与职业教育人才培养全过程，通过共建实训基地、共同开发课程、共同实施教学等方式，提升人才培养的针对性和适应性。在师资队伍建设上，打造一支既具备扎实理论知识，又拥有丰富实践经验和人工智能技术应用能力的"双师型"教师队伍，为高质量的职业教育教学提供有力保障。

三、Python 语言

Python 语言作为人工智能领域的首选编程语言，具有诸多显著优势。其一，Python 语法简洁明了、易于学习和掌握，对于职业院校学生而言，能够在较短时间内快速入门编程领域，降低学习门槛，激发学习兴趣。其二，Python 拥有丰富的开源库和框架，如用于机器学习的 Scikit-learn、用于深度学习的 TensorFlow 和 PyTorch 等。这些强大的工具库极大地简化了人工智能算法的开发过程，使得开发者能够将更多精力聚焦于算法的设计与应用，而非底层代码的编写，从而提高开发效率。其三，Python 具有良好的跨平台性和兼容性，可在不同操作系统上运行，并且能够与其他编程语言和软件进行无缝集成，为学生未来在复杂的工作环境中进行项目开发提供了便利。

在职业教育中，Python 语言编程知识的教学具有不可替代的重要性。它是学生通向人工智能世界的桥梁，通过学习 Python 语言，学生能够掌握基本的编程思维和方法，为后续深入学习人工智能技术奠定坚实基础。无论是从事数据分析、人工智能应用开发，还是机器人编程等相关工作，Python 语言都是必备的核心技能。例如，在数据分析岗位上，学生可运用 Python 的 Pandas、NumPy 等库对大量数据进行清洗、处理和分析，为企业决策提供数据支持；在人工智能应用开发领域，利用 Python 的机器学习和深度学习框架，开发图像识别、自然语言处理等智能应用程序。

四、本书特色

本教材紧密围绕《纲要》的要求，结合职业教育的特点与学生实际情况，精心设计编写，旨在为学生提供一条系统、实用且富有职业特色的 Python 语言编程学习之路。

(1)项目驱动的教学模式

采用项目驱动教学法，将每个知识点融入具体的项目案例中。每个项目均按照任务描述、知识链接、任务拓展、任务总结的步骤进行讲解。在项目实施过程中，引导学生自主思考、合作探究，培养学生解决实际问题的能力和团队协作精神。例如，在 Python 语言基础项目中，通过构建一个简单的数据加密与解密算法，让学生了解 Python 程序中的运算符、优先级、输入输出等知识，深入理解 Python 的语法、常量和变量的声明以及数据类型等，提升学生的实践操作能力和创新能力。

（2）融入行业前沿技术与实践案例

为使学生能够及时了解行业最新动态，掌握前沿技术，教材在编写过程中，融入了大量人工智能领域的最新技术成果和实际应用案例。例如，在讲解流程控制语句时，通过制作一个空气质量评级系统项目，让学生感受前沿技术的魅力；同时，使学生明确所学知识在实际工作中的应用场景，增强学习的动力和目标感。

（3）注重实践教学与实训环节

职业教育强调实践教学的重要性。本教材配套了丰富的课后习题。在项目考核中，编程题为需要独立完成的具有一定综合性的项目，可锻炼学生的综合应用能力。

（4）强化思政教育与职业素养培养

为贯彻落实立德树人的根本任务，将思政教育元素有机融入 Python 语言编程教学中。在项目案例的选取上，注重引导学生树立正确的价值观和职业道德观。例如，在 Python 语言基础项目中，强调数据安全和隐私保护的重要性；在开发奥运奖牌榜应用程序时，培养学生的创新精神和社会责任感。同时，激励学生树立远大的职业理想，培养学生精益求精的工匠精神和爱岗敬业的职业态度。

五、使用建议

对于教师而言，在使用本教材进行教学时，建议充分利用教材中的项目案例和实践教学资源（应用项目案例及视频资源免费提供，联系邮箱 ccshan2008@sina.com），采用多样化的教学方法，如项目驱动教学法、小组合作学习法、情境教学法等，激发学生的学习兴趣和主动性。同时，根据学生的实际情况和专业特点，对教材内容进行适当的调整和拓展，以满足不同层次学生的学习需求。在教学过程中，注重引导学生将编程知识与实际应用相结合，培养学生的实践能力和创新思维。对于学生而言，在学习过程中要注重理论与实践相结合。认真学习教材中的理论知识，理解编程的基本概念和原理，同时要积极参与实践操作，通过完成项目案例和任务，不断提升自己的编程技能。遇到问题时，要善于思考、勇于探索，积极与同学和教师交流讨论，培养自主学习和解决问题的能力。此外，要关注人工智能领域的最新发展动态，拓宽自己的知识面和视野，为未来的职业发展做好充分准备。本书由德州科技职业学院邵淑华、深圳市光明区玉律学校曲立超、湖南民族职业学院周玲任主编，黄山职业技术学院鲍路路、成都锦城学院王帅任副主编。

展望未来，随着人工智能技术的持续发展和教育强国建设的深入推进，职业教育将迎来更为广阔的发展空间。希望本教材能够成为广大职业院校学生学习 Python 语言编程的得力助手，帮助学生掌握扎实的编程技能，培养其创新精神和实践能力，为我国人工智能产业的发展输送更多高素质的技术技能人才，为教育强国建设贡献一份力量。

编　者

2025 年 3 月

目录

Contents

项目一

工欲善其事，必先利其器——初识 Python

思政导读

“工欲善其事，必先利其器”道出了工具对于达成目标的关键意义。在当今科技飞速发展的时代，Python 这门高级编程语言便是推动人工智能等领域进步的强大“利器”。它简单易学、跨平台、可扩展，广泛应用于 Web 和 Internet 开发、机器学习等诸多领域，凭借丰富的数据计算包与科学计算库，为人工智能发展提供算力支持，让数学基础薄弱的人也能投身科技探索，极大地降低了技术门槛，助力更多人在科技浪潮中实现创新突破。这启示我们，在学习与工作中，也要善于发现和掌握像 Python 这样的“利器”，夯实自身本领。同时，Python 的广泛应用与蓬勃发展，也让我们看到科技创新对国家发展的重要性。大家应心怀家国，以科技报国为志向，借助先进的技术工具，不断探索未知、攻克难题，为实现中华民族伟大复兴的中国梦贡献自己的力量，让“利器”发挥更大的价值，绽放更耀眼的光芒 。

本项目将带领大家一起走进 Python 编程世界。

学习目标：

- 了解 Python 的相关概念；
- 熟悉 Python 的安装过程；
- 掌握 Python 程序的开发以及相关库的下载。

素养目标：

- 增强兴趣和探索意识；
- 养成调研和提前准备的习惯；
- 学习互助共享、团结合作的精神。

任务一　什么是 Python

【任务描述】

简单来说，编程语言就是能够被人和计算机都识别的语言，可以让程序开发人员精确地定义计算机在不同情况下应当采取的行动。编程语言处于不断的变化和发展中，从最初的机器语言发展到如今的 2 500 种以上的高级语言，每种语言都有其特定的用途和不同的发展轨迹，如 C、C++、C#、Java、Python、JavaScript、Go、R 等。目前，Python 是最受欢迎的人工智能编程语言，由于其具有模块化、易于学习、面向对象等特性，很多计算机编程的学生把 Python 作为第一门学习的语言。

【知识链接】

一、Python 的产生与发展

Python 由荷兰数学和计算机学家 Guido Van Rossum 于 1989 年发明，并于 1991 年第一次公开发行。Python 的设计哲学强调代码的可读性，并允许开发者用少量代码表达想法，同时支持多种编程范式，包括面向过程、面向对象和函数式编程。

Python 自发布以来，不断更新和增加新功能，逐渐成为一种流行和广泛使用的语言。Python 1.0 于 1994 年发布，引入了 lambda 表达式、map、filter 和 reduce 等函数式编程工具；Python 2.0 于 2000 年发布，引入了循环引用检测垃圾回收机制和全局解释器锁（GIL）；Python 3.0 于 2008 年发布，修复了 Python 2.0 中存在的一些问题，并改进了语言设计。目前，Python 已经成为人工智能、数据分析、网络爬虫、自动化运维等领域的首选语言。

Python 的语法简洁明了，易于学习，同时拥有强大的第三方库支持，使得开发者能够高效地编写出各种应用程序。随着 Python 的不断发展和完善，相信在未来它会继续发挥重要作用，为各个领域的发展提供强大的支持。

二、Python 的特点

Python 的语法非常简洁易懂，其代码可读性很强，有助于用户更好地理解和维护。Python 是一种解释型语言，意味着用户编程前不需要进行复杂的编译过程，可以直接运行代码，提高开发效率。Python 拥有丰富的标准库和强大的第三方库，如 NumPy、Pandas 等，这些库可以帮助用户轻松实现各种功能，满足不同的需求。

另外，Python 还是一种跨平台的语言，可以在 Windows、Linux、MacOS 等多种操作系统上运行，这让用户在开发过程中更加灵活自由。Python 支持多种编程范式，包括面向过程、面向对象和函数式编程，这使得 Python 在解决复杂问题时具有更大的灵活性和便利性。

总的来说，Python 的特点就是简洁易懂、易于上手、功能强大、跨平台以及支持多种编程范式。

Python 是一种解释型的脚本语言，解释型是指 Python 代码是通过 Python 解释器将源代码“解释”为计算机硬件能够执行的芯片语言，但是由于 Python 直接运行源程序，所以对源代码加密有着一定难度。

科普小提示：

开源是为了降低知识获得的成本，是一种共享共治精神。但开源软件同样也有版权，同样受到法律保护，只不过由于自由开源运动的本质是发扬自由开放精神，故它把重点放在了扩大用户的自由和权益方面，而不是对作者特权的保护方面。

对企业和软件开发者来说，共享和开源有助于自己更娴熟地掌握相关知识、提高自己项目的质量，同时也是推销自己的最好方式。对使用者来说，共享和开源提供了一个学习和参与项目的途径。

Python 的特点如图 1-1 所示。

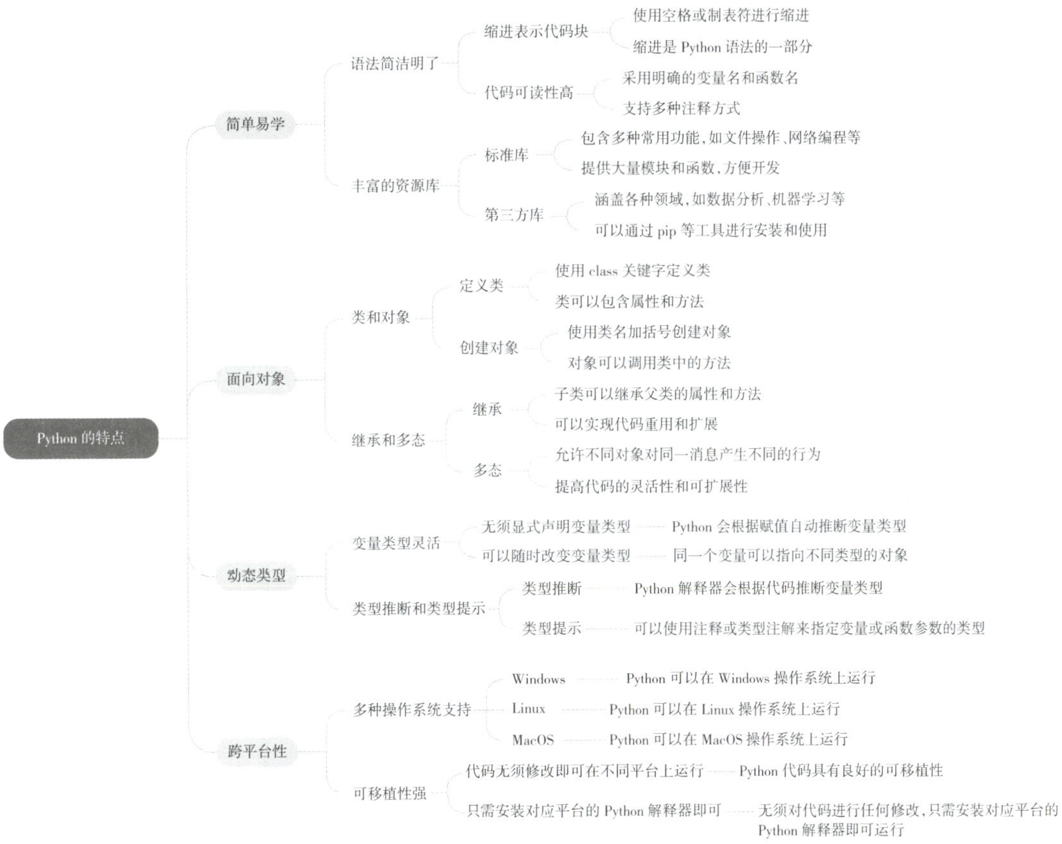

图 1-1　Python 的特点

三、Python 的应用领域

目前，Python 已经全面普及，应用领域众多（如图 1-2 所示），如 Web 开发、数据科学、人工智能、自动化运维、网络编程等。目前，业内所有大中型互联网企业都在使用 Python，如 YouTube、豆瓣、知乎、Facebook、NASA、百度、腾讯、美团等。互联网公司广泛使用 Python 实现自动化运维、自动化测试、大数据分析、网络爬虫、Web 开发等功能。

图 1-2　Python 的应用领域

此外，在游戏开发领域，Python 提供了很好的 3D 游戏引擎和开发库用于游戏开发，如 Panda3D、Pygame 等。此外，Python 还可以直接调用 Open GL 实现 3D 绘制，这是高性能游戏引擎的技术基础。

在办公自动化领域，Python 提供了多种库用于办公自动化，使工作化繁为简。例如，操作 Excel 的 xlwings、openpyxl，操作 Word 的 python-docx、comtypes、pywin32，操作 PowerPoint 的 pywin32、python-pptx，处理邮件的 smtplib、email，批量处理文件的 os、shutil 等。

【任务拓展】

（1）查阅资料，了解 Python 的应用。

（2）学习如何使用 Python。

任务二　了解 Python 的开发环境

【任务描述】

学习 Python 须了解 Python 的开发环境、程序的开发流程和编码规范。本任务将带领大家使用 PyCharm 开发第一个 Python 程序。

【知识链接】

一、Python 程序的安装

在 Windows 系统中安装 Python 以及配置 Python 环境的方法可以参照以下步骤。

（1）打开 Python 官网“https://www.python.org/”，并在首页点击“Download”按钮，如图 1-3 所示，点击按钮后开始下载。

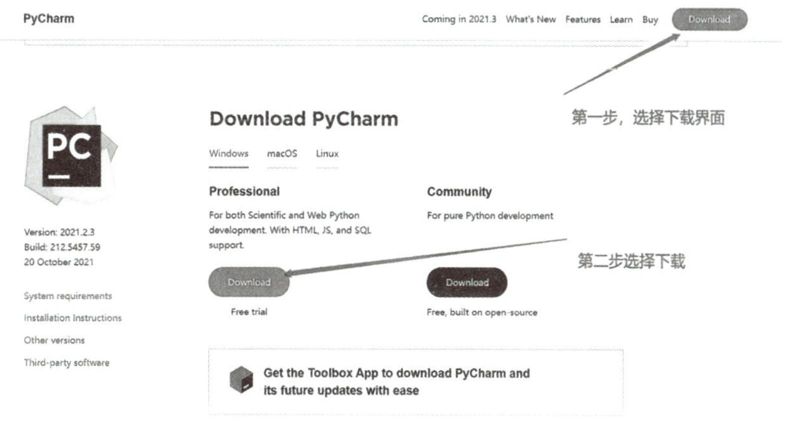

图 1-3　Python 官网

（2）打开刚刚下载好的 Python 安装包，选择“Customize installation”自定义安装，并勾选底部的“Add Python 3.9 to PATH”复选框（如图 1-4 所示），如果没有勾选该复选框，系统将无法自动完成环境变量的配置，用户必须在安装完成后手动配置环境变量，将 Python 的安装路径添加到环境变量中。

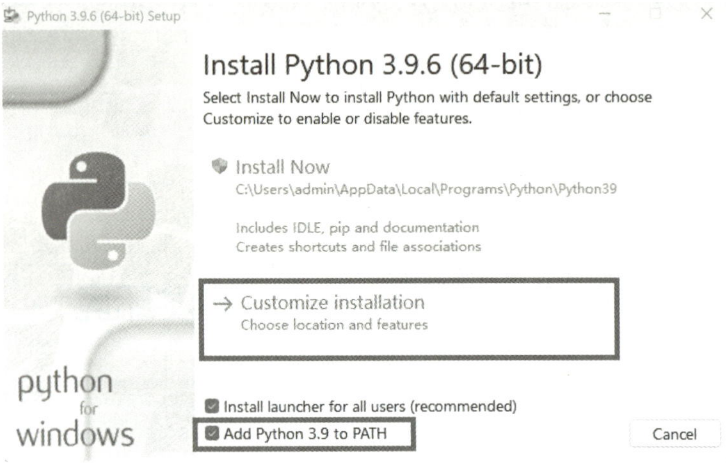

图 1-4　Python 的安装向导

（3）在“Optional FeaTrues”界面，请保持默认全部选中，并点击“Next”进行下一步安装。点击“Browse”按钮，选择要安装 Python 的路径，这里选择的路径最好不要有中文，并且要记录一下路径，在后面的 Python 环境配置中会用到。选择好路径后点击“Next”按钮开始安装，如图 1-5 所示。

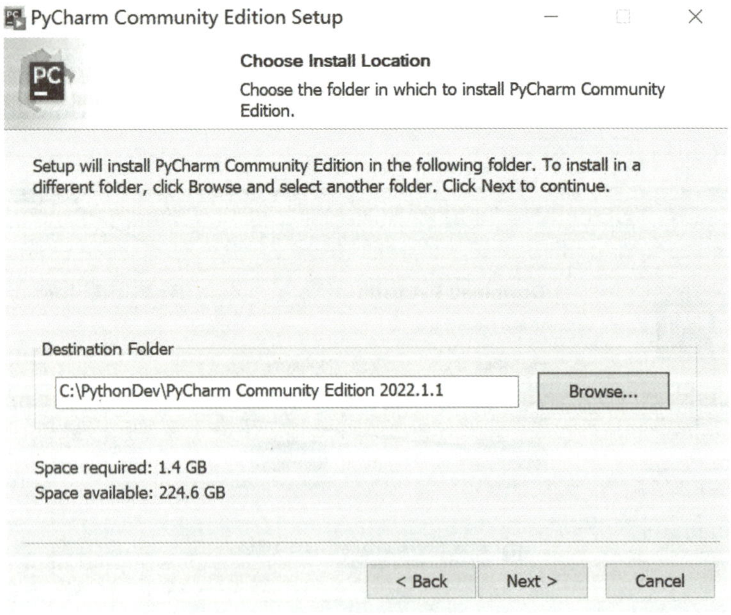

图 1-5　自定义安装路径

（4）在“Setup Progress”界面，等待 Python 安装的完成。如果取消安装，可以单击“Cancel”按钮，到这一步就说明 Python 已经安装完毕，点击“Close”按钮退出安装程序。Python 安装成功，如图 1-6 所示。

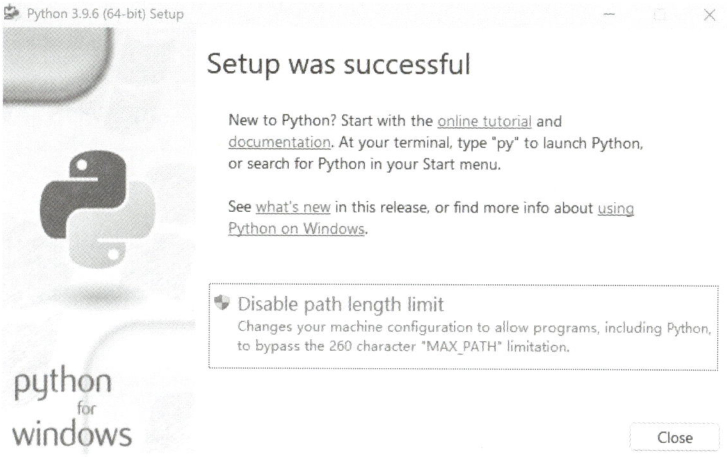

图 1-6　Python 安装成功

（5）通过 Windows 的“cmd”命令行检查 Python 是不是可以在系统上正常地运行，通过“win+R”快捷键打开【运行】窗口，在【运行】窗口中输入“cmd”按“回车”键，在【cmd】窗口中输入“python”，按“回车”键得到如图 1-7 所示的结果，说明 Python 已经可以在系统上正常运行。

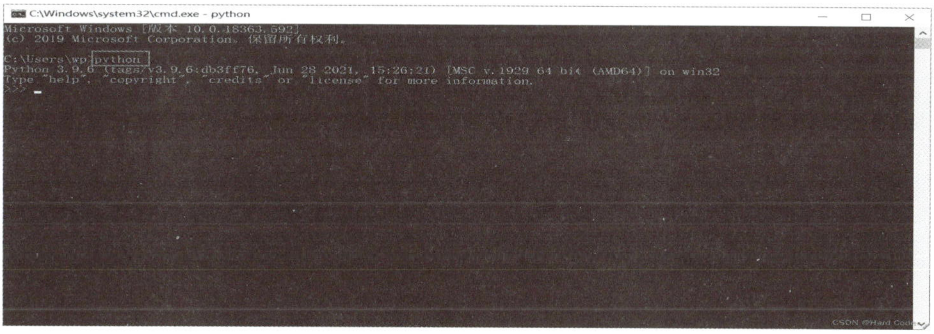

图 1-7　验证 Python 是否可运行

（6）在电脑桌面“此电脑”上单击鼠标右键，选择“属性”选项。在弹出的【系统】对话框中点击“高级系统设置”选项。随后在弹出的【系统属性】对话框中点击“高级”选项栏中的“环境变量”按钮，如图 1-8 所示。

（7）在弹出的对话框中，在“Python 的用户变量”栏中找到变量“Path”，选中变量“Path”并点击“编辑”按钮，如图 1-9 所示。

（8）在弹出的【编辑环境变量】对话框中，点击“新建”按钮，添加 Python 安装路径，如图 1-10 所示。

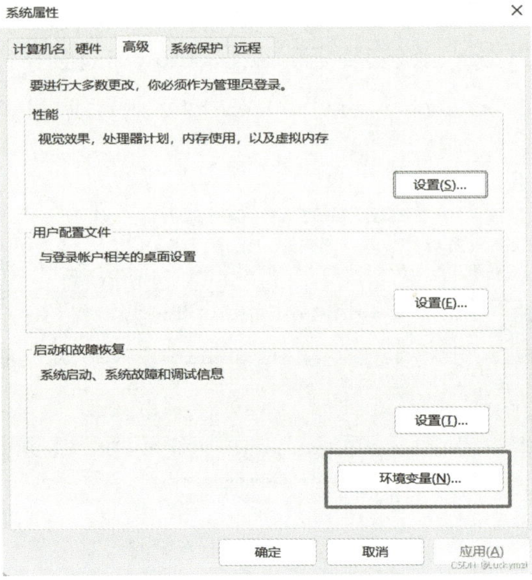

图 1-8 【系统属性】对话框

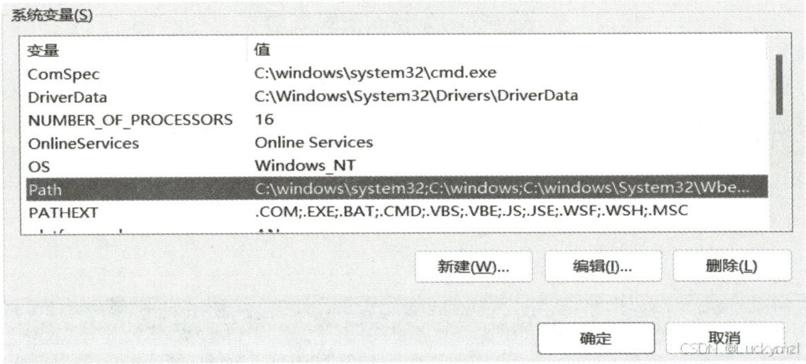

图 1-9 编辑"Path"变量

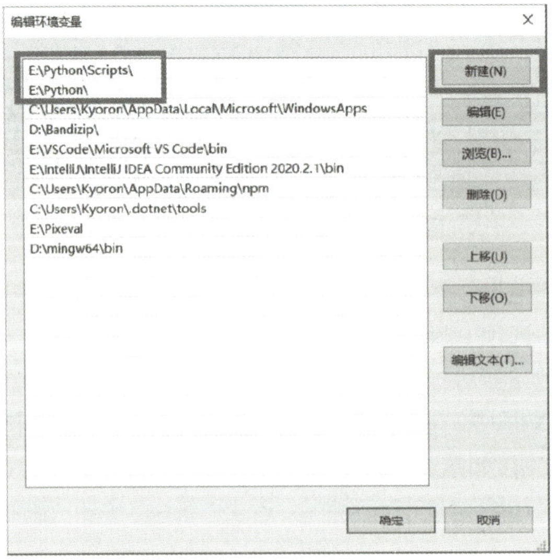

图 1-10 新建 Python 路径

二、Python 程序的开发流程

Python 程序的开发从确定任务到得到结果，一般需要以下几个步骤，如图 1-11 所示。

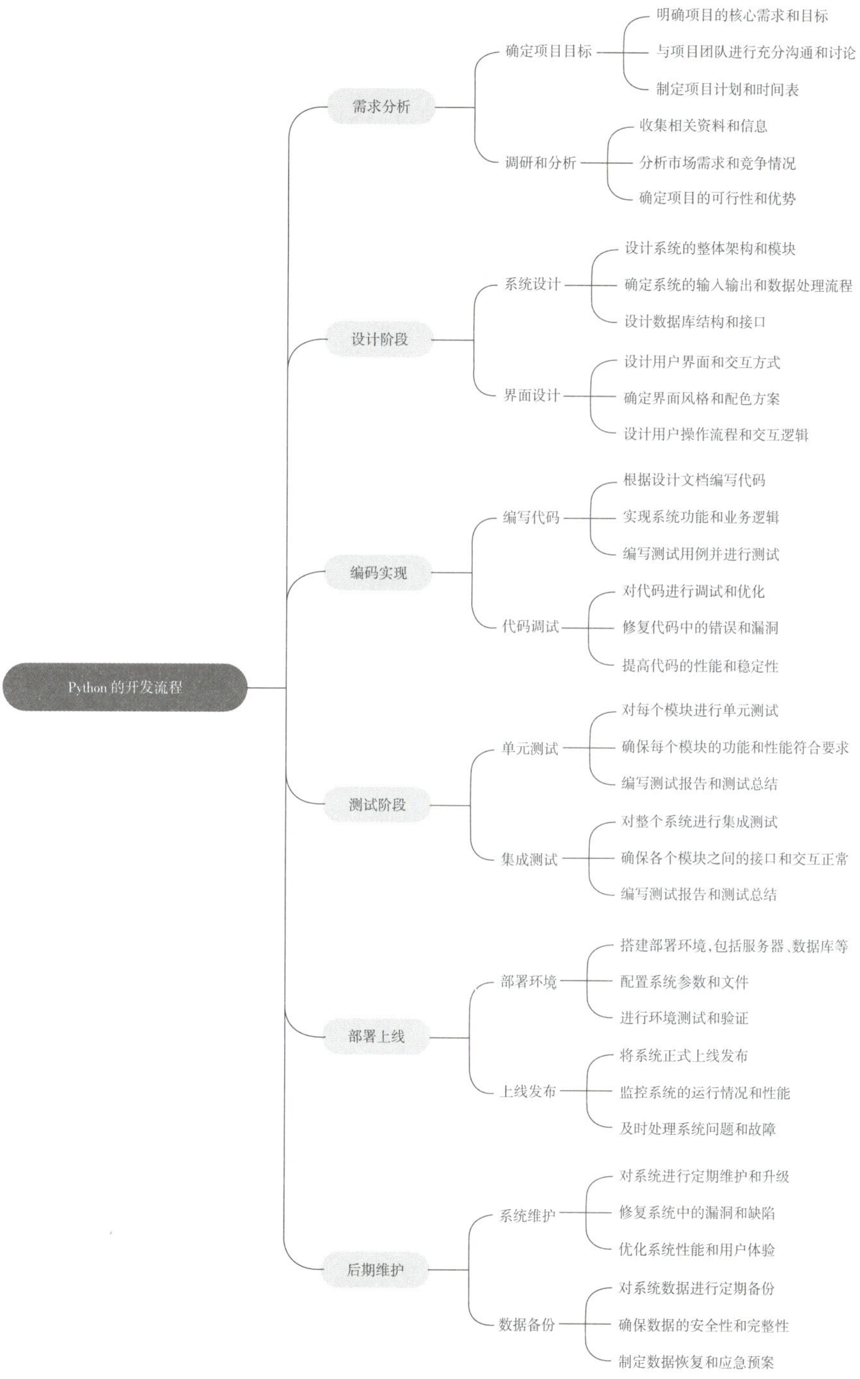

图 1-11　Python 程序开发流程

此外，还需编写程序文档，如同正式产品都有说明书一样，正式提供给用户使用的程序，必须向用户提供程序说明书。程序说明书也称程序文档，应包含程序名称、程序功能、运行环境、程序的安装与启动、需要输入的数据及使用注意事项等内容。

三、Python 的编码规范

任何一种编程语言都有约定俗成的编码规范，Python 也不例外。常见 Python 的编码规范如图 1-12 所示。

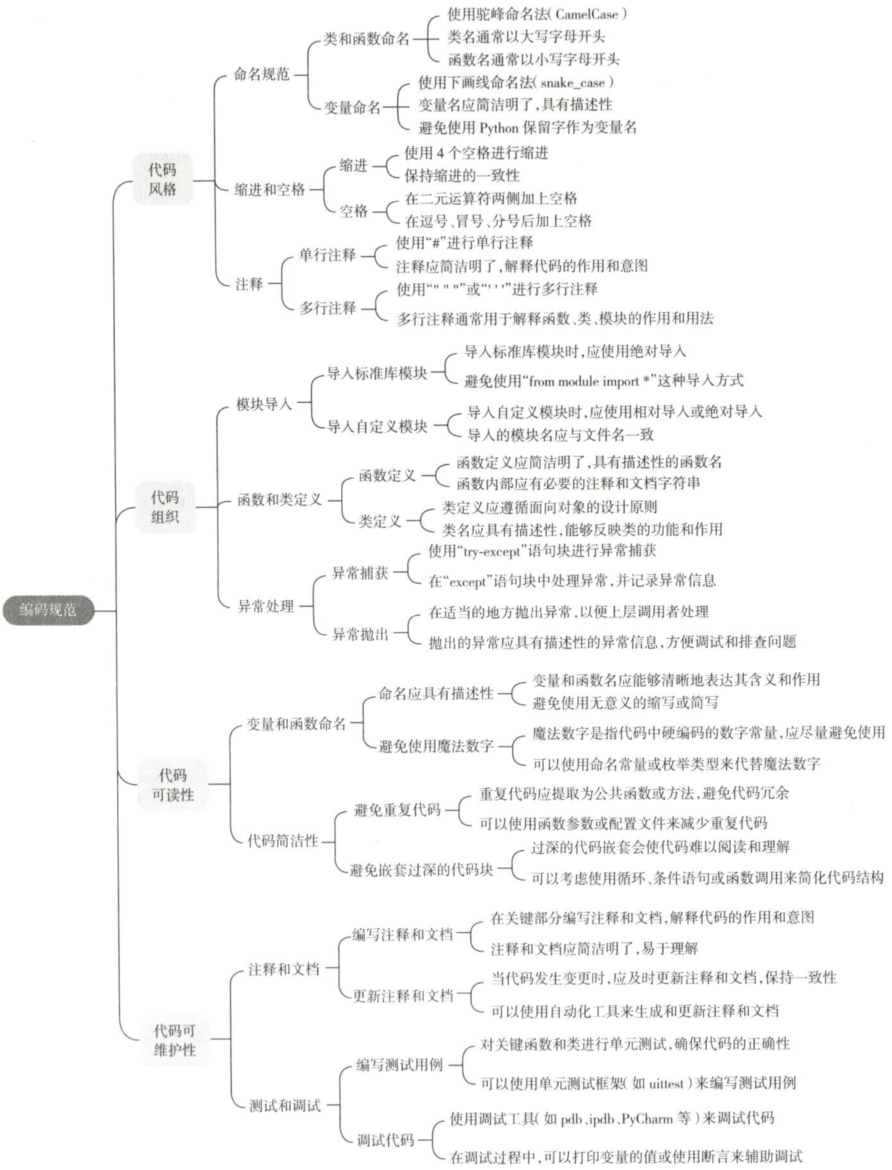

图 1-12　Python 的编码规范

1.Python 的缩进

Python 秉承着简单、简洁的原则，放弃了在其他语言中广泛使用的花括号（{}），而采用独特的缩进来表示代码分层。Python 的缩进通常在复杂的代码块中使用，例如函数定义、类定义以及控制语句。下面使用缩进对代码进行分层，代码如下所示。

```
if a>b:
    print(a)  #一个缩进量，如果 a>b，则显示 a 的值
else:
    print(b)  #一个缩进量，如果 a<=b，则显示 b 的值
```

在代码中，可以看到第二行语句与第四行语句比其他语句缩进了 4 个空格，在 Python 语言编程的标准中，4 个空格或者一个“Tab”键代表一个缩进量。在同一段中，相同缩进量的语句归为同一组。下面使用多个不同缩进对代码进行分层，代码如下所示。

```
if a>b:
    if a == 1:
        print(a)    # 如果 a 等于 1，则在屏幕中打印 a 的值
else:               # 如果 a 不等于 1，则进入下面的判断
    if a == 0:
        print(a)        # 如果 a 等于 0，则在屏幕中打印 a 的值
    else:           # 如果 a 不等于 1 也不等于 0，则退出判断
        pass
        elif a == b:   # 如果 a 等于 b，则在屏幕中打印 a 和 b 的值
        print(a,b)
      else:         #如果 a 不等于 1、0 和 b，则在屏幕中打印 b 的值
        print(b)
```

在代码中，总共有三种不同缩进量的语句，相同缩进量的组成一组，这样就可以避免需要组合使用的语句产生冲突。但也需要注意同一级的代码缩进中，需要保持组合使用的语句的缩进量一致。

2.Python 的注释

注释是编写程序过程中不可缺少的部分，在程序合适的部分使用注释，可便于程序员之间进行交流。在 Python 中，注释能够提高代码的可维护性，使注释的内容不被 Python 编译器解释执行。目前，代码的注释有两种方式，分别是单行注释和多行注释。其中，单行注释语句以 字符“#”开始，位于“#”之后的语句不会被执行，但是“#”仅注释其所在的行，不会影响其他行内的代码。语法格式如下所示。

```
#单行注释
```

如果需要编写大段的注释，则可以使用三个单引号或者三个双引号将需要注释的内容包围，语法格式如下所示。

```
"""
多行注释
......
"""
'''
多行注释
......
'''
```

下面分别使用两种不同的方式对代码进行注释，代码如下所示。

```
# 本行代码为单行注释示例
''' 3 个单引号包围的注释，该段代码判断 a 和 b 值的大小
并根据不同的情况输出
如果 a 大于 b 则输出 a
如果 a 小于或等于 b 则输出 b
'''
a = 2
b = 3
 if a > b:   #判断 a 和 b 的大小
   print( a )# 输出 a 的值
 else:
   print( b )   #输出 b 的值
"""
三个双引号包围的注释代码判断结束
print( a )
语句不会被执行
"""
```

【任务拓展】

（1）用户根据需要自行安装 PyCharm。

（2）在 Linux 系统安装 Python。

任务总结

本项目主要介绍了 Python 的发展、特点、应用领域、开发工具、开发流程和编码规范等内容。使读者对 Python 的发展、特点以及应用领域等相关知识有了初步了解，通过 Python 的安装使读者了解 Python 的开发环境，并对开发流程和编码规范有个初步印象，在今后的学习中会进一步加深了解。

项目考核

一、选择题

(1)Python 语言于(　　)年发布第一版。

A. 1990　　B. 1991　　C. 1992　　D. 1993

(2)下列选项中不属于 Python 特点的是(　　)。

A. 不可读　　B. 可移植性　　C. 可扩展性　　D. 面向对象

(3)Python 不能应用于(　　)领域。

A. 网络服务　　B. 图像处理　　C. 计算机管理　　D. 数值计算

(4)Python 源文件的扩展名是(　　)。

A. .exe　　B. .tet　　C. .py　　D. .obj

(5)关于 Python 说法错误的是(　　)。

A. 是从 ABC 语言发展起来的

B. 源程序需要编译和连接后才能生成可执行文件

C. 是开源的，可以被移植到多个平台上

D. 是一种解释型编程语言

二、简答题

(1)简述 Python 的特点。

(2)简述 Python 的应用领域。

(3)简述 Python 的开发流程。

三、编程题

(1)编写程序，输出古诗《朝发白帝城》和《将进酒》。

(2)编写程序，输出 ♥ 形字符串。

项目二

千里之行，始于足下——Python 语言基础

思政导读

“千里之行，始于足下”出自《道德经》第六十四章，原文为：“合抱之木，生于毫末；九层之台，起于累土；千里之行，始于足下。”意思是说需要多人合力环抱的大树，是从细小的萌芽长大的；高高的台基，是由一层层泥土堆砌起来的；一段遥远的旅程，是从一个接一个脚步开始的，用来比喻事情是从头做起，逐步进行的。“千里之行，始于足下”蕴含着深刻的哲理，它提醒我们，任何伟大的成就都源于点滴的积累与不懈的坚持。

在 Python 编程的广阔天地中，这句话同样具有重要的指导意义。Python 作为人工智能等前沿领域广泛使用的高级编程语言，其强大功能与多元应用令人向往，但想要在 Python 编程世界中自由驰骋、实现创新突破，就必须从学习 Python 语言基础开始。从基础语法的掌握，到数据类型的运用；从控制结构的学习，到函数模块的构建，每一个知识点都是构建编程能力大厦的基石。这就如同建造合抱之木、九层之台，只有扎实学好 Python 语言基础，才能逐步理解并驾驭复杂的算法逻辑、开发出实用的应用程序，在机器学习、数据分析等领域发挥 Python 的优势。这不仅是对技术学习的要求，更是对个人意志与品质的磨炼。学习 Python 基础的过程或许枯燥，但每一次语法规则的牢记、每一道编程练习题的攻克，都是迈向成功的坚实一步。

身为新时代的学习者，我们应当秉持“千里之行，始于足下”的信念，脚踏实地钻研 Python 语言基础，不轻视每一个细小的知识点，不畏惧学习过程中的困难。这不仅是提升个人技术能力的需要，更是响应国家科技创新战略的体现。以扎实的 Python 编程基础为起点，我们将有能力为我国人工智能、大数据等领域的发展添砖加瓦，在实现个人价值的同时，为推动国家科技进步、实现中华民族伟大复兴贡献力量，让每一步基础学习都成为通向科技强国梦的坚实阶梯。

学习目标：

- 了解 Python 的缩进与注释；

- 熟悉变量与常量；
- 掌握 Python 中变量的运算方式。

素养目标：

- 增强遵守规则的意识，养成按规矩行事的习惯；
- 了解古代人民的智慧，增强民族自豪感；
- 学习互助共享、团结合作的精神。

任务一　制作个人简介

【任务描述】

个人简介一般包括姓名、性别、年龄、身高、特长等信息，不同类型的信息必须使用不同的数据类型变量来存储。本任务将带领大家认知 Python 语言中的标识符和关键字、变量与常量、数据类型等基础知识。

【知识链接】

一、标识符和关键字

任何一种编程语言都离不开对标识符与关键字的使用，其中标识符是指变量、常量、函数、属性、类、模块和包等由程序员命名的名字，但是程序员自定义的名字必须遵循 Python 的命名规则，Python 语言中标识符的命名规则如下所示。

①由字符（A~Z 和 a~z）、下画线和数字组成，但第一个字符不能是数字。

②不能和 Python 中的关键字或保留字相同。

③不能包含空格、@、% 以及 $ 等特殊字符。

④标识符区分大小写，同一字母的不同大小写格式、含义不同，是完全不同的两个标识符。

⑤通常以下画线开头的标识符都有特殊含义，除非在特定场景中，应避免使用下画线开头命名标识符。例如，以单下画线开头的标识符（如 _width），表示不能直接访问的类属性，其无法通过 from...import* 的方式导入；以双下画线开头的标识符（如 __add）表示类的私有成员，这些会在后边章节进行详细讲解。

⑥要做到见名知意。例如，姓名信息尽量用 name 来保存，其效果要好于用 xingming 或 xm。

保留关键字是 Python 语言中已经被赋予特殊含义的单词，不能在定义标识符时被使用。Python 中保留关键字含义见表 2-1。

表 2-1　保留关键字

保留关键字	含义
False	布尔类型的值，表示假，与 True 相反
None	None 比较特殊，表示什么也没有，它有自己的数据类型及
True	布尔类型的值，表示真，与 False 相反
and	用于表达式运算，逻辑与操作
assert	断言，用于判断变量或者条件表达式的值是否为真
break	中断循环语句的执行
class	用于定义类
as	用于类型转换
continue	跳出本次循环，继续执行下一次循环
def	用于定义函数或方法
del	删除变量或序列的值
elif	条件语句，与 if、else 结合使用
else	条件语句，与 if、elif 结合使用，也可用于异常和循环语句
except	包含捕获异常后的操作代码块，与 try、finally 结合使用
finally	用于异常语句，出现异常后，始终要执行 finally 包含的代码块，与 try、except 结合使用
for	循环语句
from	用于导入模块，与 import 结合使用
global	定义全局变量

二、变量与常量

1. 变量

变量是内存中命名的存储位置，与常量不同的地方在于它是变换的。在 Python 中定义变量不需要声明等操作，直接对标识符进行赋值操作即可。变量赋值时，Python 会自动声明变量的数据类型。赋值运算符用于变量的赋值，下面创建一个名为 score 的变量，为其赋值成绩信息，代码如下所示。

```
score = 100      # 在赋值运算符"="左侧的为变量名，右侧的是变量指向的值
print( score )   # 在控制台中输出 score 的数值
```

Python 允许同时为多个变量赋相同的值，也可以同时为多个变量分别赋值，代码如下所示。

```
a =b=c= 100
a,b,c=1,2,3
```

变量使用前必须先赋值，因为变量指向的内存对象只有在赋值之后才能被创建。

2. 常量

常量是不会变化的量，如圆周率。在编程语言中，常量在初始化后不能被修改，但是在 Python 中没有从语法层面定义常量，Python 没有提供关键字或用其他方法来保护常量不被修改，只能够通过程序员的自律或自定义方法来保护常量。按照程序员的习惯，会在命名常量时使用大写字母，以表明此标识符是不可修改的。

三、数据类型

Python 变量在使用过程中，每一个变量都必须要赋值，以便 Python 依照数值给变量自动设定数据类型，当变量被赋值后才会被创建并储存在内存中。Python 中常见的数据类型有数字、字符串、布尔、列表、元组、字典和集合等，此处只简单介绍前三种类型，后四种类型将在后边项目中介绍。

1. 数字类型

Python 中的数字类型用于表示数字变量，为后期运算符的使用提供支持，根据数字格式的不同，可以将 Python 中的数字类型分为整数型、浮点型和复数型。

1)整数型(int)

Python 中的整数型表示为“int”，整数型的范围取决于当前计算机的硬件，并且在 Python 中不再区分整数和长整数，所有的整数都可以是长整数。在 Python 中声明一个数字类型，代码如下所示。

```
age = 18          # 声明一个变量名为 agc 的变量，其中保存年龄信息
print( age )        # 将年龄信息输出
```

2)浮点型(float)

Python 中的浮点型表示为“float”，浮点型数值为带小数的数字，有两种表示法：小数表示法表示的“3.14”和科学计数法表示的 3.14E2(表示 3.14×10^2)。在给变量以这两种方式的其中任意一种赋值时，Python 会默认将变量设置为浮点型。声明一个变量名为 height 的变量存储身高信息，代码如下所示。

```
height = 168.5
print( height )        # 将身高信息输出
```

3)复数型(complex)

Python 中的复数型表示为“complex”，复数型数值由实数部分和虚数部分组成，形式为 $a+bj$，a 为复数的实数部分，b 为复数的虚数部分，a 和 b 是整数或浮点数，如 2.124j、3+11.5j

2. 字符串类型

Python 中的字符串类型可通过单引号(' ')、双引号(" ")和三引号(''' ''')括起来的任意文本表示，如‘bcd’“xyz”等。其中，由三引号包围的字符可由多行组成，大段的字符串通常使用三引号。 如果单引号本身也是字符串中的一个字符，那就用双引号括起来；如果双引

号本身是字符串的一个字符，那就用单引号括起来；如果字符串内部既包含单引号也包括双引号，那就用转义字符标识出来。具体实例如下所示。

```
"I'm OK!"
'I told you, "python is my favorite language!"'
'I\'m\"OK\"!'
```

Python 中常用转义字符见表 2-2，Python 允许在引号前加 r 来表示引号内部的字符串默认不转义。

表 2-2　常用转义字符

转义字符	说明	转义字符	说明
\n	回车换行	\'	单引号
\b	退格	\"	双引号
\r	回车	\a	鸣铃
\t	水平制表	\f	换页符
\v	垂直制表	\\	反斜线符

3. 布尔类型

Python 中的布尔类型表示为"bool"，主要用于描述逻辑判断的结果。布尔类型只有两个值，分别为 True（逻辑真）和 False（逻辑假）。在 Python 中，布尔值的首字母必须大写。用户可以通过比较或判断得到布尔值，代码如下所示。

```
10<30    #判断条件是否成立，结果为 True
50>80    #判断条件是否成立，结果为 False
```

4. 数据类型的转换

在 Python 变量的运用过程中，可能会出现需要将已有的数据类型转换为另一个数据类型，这时就可以运用 Python 提供的内置函数来实现变量的数据类型转换。常用的数据类型转换函数见表 2-3。声明一个变量后，用户可以使用相关函数对变量的数据类型进行转换。

表 2-3　常用数据类型转换函数及含义

函数格式	含义
int(x)	将变量 *x* 转换为整数型
float(x)	将变量 *x* 转换为浮点型
str(x)	将变量 *x* 转换为字符型
hex(x)	将一个整数 *x* 转换为一个十六进制字符串
oct(x)	将一个整数 *x* 转换为一个八进制字符串

【任务拓展】

制作个人简介 Python 程序，聚焦低空经济领域，编写一个从事低空经济相关工作或学习人员的个人简介，以展现专业特色与相关能力。读者通过此程序代码真实了解变量、常量、数据类型等知识。

```
# 定义个人信息类
class LowAltitudeEconomyProfile:
    def __init__(self):
        self.name = "张明"
        self.gender = "男"
        self.age = 28
        self.height = 178
        self.major = "航空航天工程(低空经济方向)"
        self.university = "中国民航大学"
        self.skills = [
            "熟练掌握无人机操作与编程,熟悉多种无人机机型特性",
            "深入了解低空经济产业链,对城市空中交通规划有研究",
            "精通 Python,能够运用其进行低空数据分析与模拟仿真",
            "熟悉低空经济相关政策法规,具备政策解读能力"
        ]
        self.experiences = [
            "参与某低空物流企业项目,负责无人机航线规划与优化,使配送效率提升 20%",
            "在校园低空经济创新大赛中,带领团队设计出新型低空旅游方案,获一等奖",
            "实习于某航空研究院,协助完成低空通信导航技术调研报告"
        ]

    def generate_profile(self):
        profile = f"姓名:{self.name}\n"
        profile += f"性别:{self.gender}\n"
        profile += f"年龄:{self.age}\n"
        profile += f"身高:{self.height}cm\n"
        profile += f"专业:{self.major}\n"
        profile += f"院校:{self.university}\n\n"
        profile += "特长:\n"
        for skill in self.skills:
            profile += f"- {skill}\n"
        profile += "\n 社会经验:\n"
        for experience in self.experiences:
            profile += f"- {experience}\n"
        return profile
# 创建个人简介对象并生成简介
if __name__ == "__main__":
    my_profile = LowAltitudeEconomyProfile()
```

```
print( my_profile.generate_profile() )
```

上述代码创建了一个 LowAltitudeEconomyProfile 类，用于存储和生成与低空经济相关的个人简介信息，这在以后项目中会经常用到。读者可以根据实际情况修改类中的属性值，如果希望程序支持用户输入信息，或者添加更多功能，读者可自行拓展。

任务二　编写数据加密与解密程序

【任务描述】

数据加密是指通过加密算法和加密密钥将明文转为密文。解密刚好与之相反，是通过解密算法和解密密钥将密文恢复为明文。本任务将带领大家学习 Python 程序中运算符、运算符优先级、输入输出等基础知识。

【知识链接】

一、运算符

数据的运算是通过运算符来完成的，运算符用于连接表达式中各种类型的数据、变量等操作数，通常与一个或多个操作数组合使用。Python 支持多种类型的运算符，主要包括算术运算符、赋值运算符、关系运算符、逻辑运算符、位运算符、身份运算符和成员运算符。

1. 算术运算符

Python 中有“+” “-” “*” “/” “%” “**” “//” 等七种算术运算符，主要用于对数字类型变量之间进行相应的数学运算，算术运算的示例与说明见表 2-4。

表 2-4　算术运算符示例与说明

运算符	名称	示例	说明
+	加法运算	print(a+b)	返回 *a* 与 *b* 的和
-	减法运算	print(a-b)	返回 *a* 与 *b* 的差
*	乘法运算	print(a*b)	返回 *a* 与 *b* 的积
/	除法运算	print(a/b)	返回 *a* 与 *b* 的商
%	取模运算	print(a% b)	返回 *a* 除以 *b* 的余数
**	乘方运算	print(a** b)	返回 *a* 的 *b* 次幂
//	整除运算	print(a// b)	返回 *a* 与 *b* 商的整数（向下取整），如果其中一个为负数，则结果为负数

其中，除法运算符在运算时，不论两个操作数的数据类型是否为浮点型，其结果都会被

Python 自动转换为浮点型，而对于其他的算术运算符，如果两个操作数其中一个为浮点型，才会将结果自动转换为浮点型。

2. 赋值运算符

赋值运算符的作用是将运算符右侧的数值赋值给左边的标识符，或进行一定运算后再进行赋值操作。Python 提供的赋值运算符分为简单赋值和复合赋值两种。常用赋值运算符的示例与说明见表 2-5。

表 2-5　赋值运算符的示例与说明

运算符	名称	示例	说明
=	简单赋值	c = a+b	将运算符右侧的数值赋值给左侧变量 *c*
+=	复合赋值	c+=a	将运算符右侧的数值与左侧数值的和赋值给左侧变量
−=	复合赋值	c−=a	将运算符右侧的数值与左侧数值的差赋值给左侧变量
*=	复合赋值	c*=a	将运算符右侧的数值与左侧数值的积赋值给左侧变量
/=	复合赋值	c/=a	将运算符右侧的数值与左侧数值的商赋值给左侧变量
%=	复合赋值	c%=a	将运算符右侧的数值与左侧数值相除的余数赋值给左侧变量
**=	复合赋值	c**-=a	将右侧数值的左侧数值的次方赋值给左侧变量
//=	复合赋值	c//=a	将运算符右侧的数值与左侧数值的商取整后赋值给左侧变量

3. 关系运算符

关系运算符用于将左右两侧的操作数进行比较运算，通过比较运算符得到的结果为布尔类型数据，即 True 和 False。关系运算符的示例与说明见表 2-6。

表 2-6　关系运算符的示例与说明

运算符	名称	示例	说明
==	等于	a==b	判断两个操作数是否相等，若相等返回 True，否则返回 False
! =	不等于	a! =b	判断两个操作数是否不相等，若不相等返回 True，否则返回 False
>	大于	a>b	判断 *a* 的值是否大于 *b* 的值，若大于返回 True，否则返回 False
<	小于	a<b	判断 *a* 的值是否小于 *b* 的值，若小于返回 True，否则返回 False
>=	大于等于	a>=b	判断 *a* 的值是否大于等于 *b* 的值，若大于等于返回 True，否则返回 False
<=	小于等于	a<=b	判断 *a* 的值是否小于等于 *b* 的值，若小于等于返回 True，否则返回 False

使用关系运算符时须注意以下几点。

①等于、不等于、大于等于、小于等于运算符(==、=、>=、<=)的表示方法与数学中的表示方法不同(=、≠、≥、≤)。

②关系运算符两侧的值可以是数值、字符串等数据类型，但应为同一类型。

③字符串数据进行比较运算时，按照其内容的 ASCII 码值进行比较。在比较两个字符串时，先比较第一个字符，其中 ASCII 码值较大的字符所在字符串较大，如果第一个字符相同，再比较第二个字符……。

例如，'abce' > 'abcdef' 为 True，是因为逐个比较前三个字符，其 ASCII 码值相同，在比较第四个字符时，"e" 的 ASCII 码值大于 "d" 的 ASCII 码值，因此该表达式的值为 True。（注意：不是比较字符串长短）

4. 逻辑运算符

Python 中的逻辑运算符分为与、或、非三种类型，用运算符表示为 "and" "or" "not"，其示例与说明见表 2-7。与 C/C++、Java 等语言不同，Python 中逻辑运算符返回值不一定是布尔值。

表 2-7　逻辑运算符的示例与说明

运算符	名称	示例	说明
and	与	x and y	如果 x 的值为 False，则表达式的结果为 False，否则表达式的结果为 y 的值
or	或	x or y	如果 x 的值为非 0 值，则表达式的结果为 x 的值，否则表达式的结果为 y 的值
not	非	not x	如果 x 为 True，则表达式的结果为 False，反之为 True

在 Python 中，当参与逻辑运算的数值为 0 时，将它看作逻辑"假"，而将所有非 0 的数值都看作逻辑"真"。

5. 位运算符

位运算符是将操作数以二进制的形式参与运算，在使用时会将数值转换为二进制后再执行运算，Python 中常用的位运算符的示例与说明见表 2-8。在计算机系统中，为了便于对数值进行处理，数值一律用补码表示。其中，正数的补码与原码相同，符号位为 0，负数的补码符号位为 1，其余位为该数绝对值的原码按位取反加 1。

例如，+10 的补码为 00001010；对于-10 来说，其符号位为 1，由于+10 的原码为 0001010（7 位），则该数取反后为 1110101，然后再加 1，结果为 1110110，即-10 的补码为 11110110。

表 2-8　位运算符的示例与说明

运算符	名称	示例	说明
&	按位与	a & b	参与运算的两个值，如果两个相应位都为 1，则该位的结果为 1，否则为 0
|	按位或	a | b	只要对应的 2 个二进位有一个为 1 时，结果位就为 1
^	按位异或	a ^ b	当两对应的二进位相异时，结果为 1，否则为 0
~	按位取反	~a	对数据的每个二进制位取反，即把 1 变为 0，把 0 变为 1

续表

运算符	名称	示例	说明
<<	左移	a << 2	运算数的各二进位全部左移 2 位，由 << 右边的数字指定了移动的位数，高位丢弃，低位补 0
>>	右移	a >> 2	把“>>”左边的运算数的各二进位全部右移 2 位，>> 右边的数字指定了移动的位数

6. 身份运算符

身份运算符用来判断两个变量是否指向同一个内存对象。身份运算符的示例与说明见表 2-9。

表 2-9　身份运算符的示例与说明

运算符	名称	示例	说明
is	是	x is y	如果 *x* 和 *y* 引用的是同一个对象，则返回 True，否则返回 False
is not	不是	x is not y	如果 *x* 和 *y* 引用的不是同一个对象，则返回 True，否则返回 False

Python 为了优化速度，使用了小整数对象池，避免为整数频繁申请和销毁内存空间。Python 中的小整数是指在【-5，256】区间的整数，这些整数对象是提前创建好的，不会被收回。在一个 Python 程序中，所有相同的小整数都是同一个对象。当数值不在小整数对象池时，会自动创建新的对象。但是，此时会有一个大整数池，即处于同一个代码块（一个代码块就是一个.py 文件）的相同的大整数是同一个对象。

同理，Python 中相同的单个字符也是同一个对象，处于同一个代码块的相同浮点数，以及具有相同元素的字符串和元组都是同一个对象。

7. 成员运算符

成员运算符用于判断一个元素是否在某个序列中，如字符串、列表、元组等。Python 提供的成员运算符的示例与说明见表 2-10。

表 2-10　成员运算符的示例与说明

运算符	名称	示例	说明
in	在	x is y	如果 *x* 在 *y* 序列中，则返回 True，否则返回 False
not in	不在	x is not y	如果 *x* 不在 *y* 序列中，则返回 True，否则返回 False

二、运算符优先级

在 Python 中有如此多的运算符，在组合使用各种不同的运算符时，就会出现优先级的问题，Python 的运算符优先级见表 2-11。

表 2-11 运算符优先级

运算符	说明（优先级由高到低排序）
**	幂（乘方）
+ -	正号、负号
* / % //	乘、除、取模和取整
+ -	加法、减法
>> <<	右移、左移
&	位运算符
^ |	位运算符
<= < > >=	关系运算符
<> == ! =	等于、不等于
= %= /= //= -= += *= **=	赋值运算符
and or not	逻辑运算符

三、输入输出

1. 输出语句

print()语句是 Python 中最常使用的输出语句，其主要作用是打印输出括号中的内容。print()语句中还有一个参数“sep”，通过设置这个参数，可以将 sep 的值作为多个字符串之间的分隔符输出。print()语句可以直接输出数值、字符串、对象的内容。

Python 还支持格式化输出，格式化是指预先定义一个模板，在模板中预留几个空位，然后根据需要向空位中添加内容，使用字符串格式化运算符“%”将输出项格式化，然后再通过 print() 语句按照格式输出。其中，格式化字符串由普通字符与格式说明符组成，普通字符按原样输出，格式说明符则用于指定对应输出项的输出格式。格式说明符以百分号（%）开头，后面跟格式标识符，常用的格式说明符见表 2-12。

表 2-12 格式说明符

格式说明符	含义
%%	输出百分号
%d	输出十进制整数
%c	输出字符
%s	输出字符串
%o	输出八进制整数
%x 或 %X	输出十六进制整数
%e 或 %E	以科学计数法输出浮点数
%[w][.p]f	以小数形式输出浮点数；数据长度为 w，小数部分有 p 位

当需要输出单个输出项时，将输出项放在字符串格式化运算符后即可。在输出多个输出项时，则需要在格式化运算符后添加一对圆括号，并用逗号分隔开。

为了让 Python 的输出有更多样式、更加美观，Python 还给格式化输出提供了格式化操作符，见表 2-13。

表 2-13　格式化操作符

符号	说明
*	定义宽度或者小数点精度
-	将字符串左对齐
+	在数字前显示正负号
<sp>	在整数前面显示空格
#	在八进制数前面显示零（'0'），在十六进制前面显示 '0x'
0	表示宽度不足时补充 0，而不是补充空格
%	'%%' 输出一个单一的 '%'
m. n.	*m* 显示的是最小总宽度，*n* 指小数点后的位数

2. 输入语句

在程序的编写过程中，往往会有根据用户输入的信息来操作的情况，在这种情况下，就需要用到输入语句。

输入语句的主要作用是发出让用户输入的请求，随后再带着用户输入的信息返回到程序中，以用于存储或操作。Python 提供了 input() 语句用来获取用户的输入信息。

【任务拓展】

本任务为现代加密和解密数据的实例，具体代码如下，请自行试运行查看结果。注意：生产环境建议使用 cryptography 库，它提供更安全的默认配置。加密敏感数据（如密码、API 密钥）时，建议结合 HMAC 验证完整性。读者通过本任务代码可以学习运算符和输入输出知识。

```
from cryptography.fernet import Fernet
def modern_encrypt( plaintext: str, key: bytes )-> str:
"""使用现代加密算法加密数据"""
 f = Fernet( key )
encrypted_data = f.encrypt( plaintext.encode( 'utf-8' ) )
return encrypted_data.decode( 'utf-8' )
def modern_decrypt( encrypted_data: str, key: bytes )-> str:
"""解密现代加密的数据"""
f = Fernet( key )
decrypted_data = f.decrypt( encrypted_data.encode( 'utf-8' ) )
```

```
return decrypted_data.decode('utf-8')
# 使用示例
if __name__ == "__main__":
# 生成密钥
key = Fernet.generate_key()
plaintext = "Hello, modern encryption! "
encrypted = modern_encrypt(plaintext, key)
decrypted = modern_decrypt(encrypted, key)
print(f"原始数据: {plaintext}")
print(f"加密后: {encrypted}")
print(f"解密后: {decrypted}")
```

任务总结

本项目通过变量声明及运算操作的实现,使读者对 Python 的语法、常量和变量的声明以及数据类型有了初步了解,对运算符、输入语句、输出语句的使用有所了解和掌握,并能够通过所学 Python 相关知识实现变量的声明和运算。

项目考核

一、选择题

(1)Python 中代码的注释有(　　)种。

A. 1　　B. 2　　C. 3　　D. 4

(2)Python 中的数字类型又具体分为(　　)种。

A. 1　　B. 2　　C. 3　　D. 4

(3)下列方法中,用于浮点类型强制转换的是(　　)。

A. int()　　B. str()　　C. float()　　D. hex()

(4)下列运算符中,优先级最高的是(　　)。

A. %　　B. +　　C. &　　D. ^

(5)下列各式说明符中,表示八进制整数输出的是(　　)。

A. %d　　B. %c　　C. %s　　D. %o

二、简答题

(1)简述 input() 语句使用时的注意事项。

(2)简述 Python 语言中标识符的命名规则。

项目三

磨刀不误砍柴工——流程控制语句

思政导读

“磨刀不误砍柴工”深刻揭示了前期准备与规划对高效完成任务的重要性。在 Python 编程的学习中，尤其是涉及流程控制语句的掌握与应用时，这一理念体现得尤为明显。当我们面临使用流程控制语句解决实际问题时，若急于直接编写代码，而忽视对工作流程的梳理与分析，很容易陷入逻辑混乱的困境，导致程序漏洞百出，最终耗费更多时间修改。

就像古人砍柴前必先磨利斧头，我们在学习控制语句前，同样需要静下心来分析问题。在实际编写程序的过程中，运用流程控制语句实现判断与循环操作时，每一个条件判断、每一次循环执行，都要求我们以高度的专注和认真的态度去对待，不容丝毫马虎。这种对细节的追求，与工匠精神 一脉相承，在未来的工作与生活中，无论是从事编程开发，还是其他工作，都能帮助我们精益求精，将每一项任务做到极致。

学习目标：

- 了解 Python 流程控制语句；
- 熟悉流程控制语句的使用场景；
- 掌握 Python 中流程控制语句的使用方法。

素养目标：

- 培养事前规划和分析问题的习惯；
- 学习总结规律和化繁为简的能力；
- 强化环保意识，提倡节约能源和绿色出行。

任务一　学习扫地机器人程序的编写

【任务描述】

在做一件事情前，如果没有规划，走一步看一步，很快就会陷入混乱，最后可能要花费更多的时间和精力来完成，有时甚至无法完成。因此，做事情前应先分析问题，根据问题做好规划，做到磨刀不误砍柴工。

编程同样如此，在编写程序前应分析程序功能和流程，然后进行重要步骤的规划——画流程图，最后根据流程图逐步编程实现相应功能。通过扫地机器人程序的编写了解流程控制语句的使用方法。

【知识链接】

一、流程图

流程图是对某一个问题的定义、分析或解法的图形表示，图中用各种符号来表示操作、数据、流向及装置等。

程序流程图表示程序的运行顺序，是一种常用的表示算法的图形化工具。换言之，程序流程图是通过画图的方式表达程序运行的所有路径，通过使用箭头和框图把程序运行的方向与步骤展示出来。

二、基本符号

程序流程图的基本符号如下。

（1）端点符：通常表示为一个椭圆，表明程序的开始或结束。

（2）处理/步骤符：通常表示为一个矩形，表明程序中的一个处理步骤或操作。

（3）判断/决策符：通常表示为一个菱形，表明程序中的决策或分支；它有一个或多个输入，但只有一个输出，这个输出根据决策的结果而定。

（4）输入/输出符：通常表示为一个平行四边形，表明程序的输入或输出操作。

（5）流程线：用箭头表示，连接各符号，表明程序的执行流程。

（6）循环/迭代符：通常表示为一个带有"是/否"决策箭头的矩形，表明程序的循环或迭代操作。

（7）数据存储符：通常表示为一个带有一条或多条输入/输出线的矩形，表明数据的存储或访问。

这些符号共同构成了程序流程图，用于清晰地描述程序的执行流程和逻辑。请注意，不同的流程图标准可能会有所不同，上述符号是一种常见的表示方式。

在程序设计中，通常包含三种基本结构，即顺序结构、分支结构和循环结构，流程图如图3-1所示。

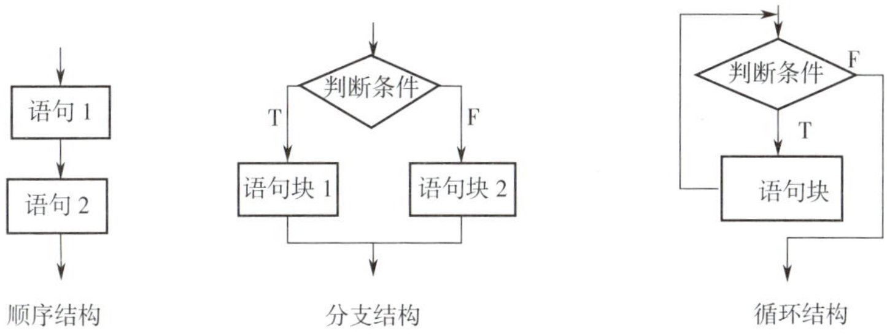

图 3-1　程序结构流程图

顺序结构就是按照程序代码先后顺序自上而下地执行，直到程序结束。分支结构是根据判断条件是否满足来决定是否执行指定操作。循环结构是重复执行某些操作，直到不满足循环条件才终止循环。

【任务拓展】

下面是一个模拟扫地机器人工作的 Python 程序，实现了障碍物检测、路径规划和清扫功能。程序使用了简单的栅格地图表示环境，并实现了基本的路径规划算法。通过此程序代码了解程序结构流程图等相关知识。

```
import random
import time
from enum import Enum

class Direction(Enum):
    """机器人移动方向"""
    UP = 0
    RIGHT = 1
    DOWN = 2
    LEFT = 3

class ObstacleType(Enum):
    """障碍物类型"""
    WALL = 1         # 墙壁
    FURNITURE = 2 # 家具
    PET = 3          # 宠物
    PERSON = 4       # 人

class CleaningRobot:
    """扫地机器人类"""

    def __init__(self, map_width, map_height):
        """初始化机器人"""
        self.x = 0   # 机器人当前 x 坐标
```

```
        self.y = 0  # 机器人当前 y 坐标
        self.direction = Direction.RIGHT  # 初始方向向右
        self.battery = 100  # 电池电量百分比
        self.map_width = map_width  # 地图宽度
        self.map_height = map_height  # 地图高度
        self.cleaned_cells = set()  # 已清扫的单元格
        self.obstacles = set()  # 障碍物位置
        self.visited = set()  # 已访问的单元格（用于路径规划）
        self.path = []  # 当前规划的路径

        # 初始化地图和障碍物
        self._initialize_map()

    def _initialize_map(self):
        """初始化地图和随机障碍物"""
        # 添加墙壁障碍物
        for x in range(self.map_width):
            self.obstacles.add((x, -1))  # 上边界
            self.obstacles.add((x, self.map_height))  # 下边界
        for y in range(self.map_height):
            self.obstacles.add((-1, y))  # 左边界
            self.obstacles.add((self.map_width, y))  # 右边界

        # 添加随机家具障碍物（占地图 10%的单元格）
        obstacle_count = int(self.map_width * self.map_height * 0.1)
        for _ in range(obstacle_count):
            x = random.randint(0, self.map_width - 1)
            y = random.randint(0, self.map_height - 1)
            # 确保不与起点冲突
            if (x, y) != (0, 0):
                self.obstacles.add((x, y))

    def detect_obstacle(self, x, y) -> bool:
        """检测指定位置是否有障碍物"""
        return (x, y) in self.obstacles

    def detect_obstacles_around(self) -> dict:
        """检测机器人周围四个方向的障碍物"""
        directions = {
            Direction.UP: (self.x, self.y - 1),
            Direction.RIGHT: (self.x + 1, self.y),
            Direction.DOWN: (self.x, self.y + 1),
            Direction.LEFT: (self.x - 1, self.y)
        }
```

```
        return {dir: self.detect_obstacle(x, y) for dir, (x, y) in directions.items()}

    def plan_path(self) -> bool:
        """规划下一步路径(使用简单的随机漫游算法)"""
        # 检测周围障碍物
        obstacles = self.detect_obstacles_around()

        # 优先选择未清扫的方向
        possible_directions = []
        for dir, has_obstacle in obstacles.items():
            if not has_obstacle:
                # 计算该方向的下一个位置
                if dir == Direction.UP:
                    next_pos = (self.x, self.y - 1)
                elif dir == Direction.RIGHT:
                    next_pos = (self.x + 1, self.y)
                elif dir == Direction.DOWN:
                    next_pos = (self.x, self.y + 1)
                else:  # LEFT
                    next_pos = (self.x - 1, self.y)

                # 如果该位置未清扫,优先选择
                if next_pos not in self.cleaned_cells:
                    possible_directions.append(dir)

        # 如果有未清扫的方向,随机选择一个
        if possible_directions:
            self.direction = random.choice(possible_directions)
            return True

        # 如果没有未清扫的方向,尝试移动到未访问的位置
        possible_directions = [dir for dir, has_obstacle in obstacles.items() if not has_obstacle]
        if possible_directions:
            self.direction = random.choice(possible_directions)
            return True

        # 无路可走
        return False

    def move(self) -> bool:
        """移动机器人并返回是否成功移动"""
        # 检查是否可以朝当前方向移动
        new_x, new_y = self.x, self.y
```

```
        if self.direction == Direction.UP:
            new_y -= 1
        elif self.direction == Direction.RIGHT:
            new_x += 1
        elif self.direction == Direction.DOWN:
            new_y += 1
        else:   # LEFT
            new_x -= 1

        # 检查是否有障碍物
        if self.detect_obstacle(new_x, new_y):
            return False

        # 移动机器人
        self.x, self.y = new_x, new_y
        self.visited.add((self.x, self.y))
        self.battery -= 1   # 消耗电量
        return True

    def clean(self):
        """清扫当前位置"""
        self.cleaned_cells.add((self.x, self.y))
        print(f"已清扫位置: ({self.x}, {self.y})")

    def get_cleaning_progress(self) -> float:
        """获取清扫进度百分比"""
        total_cells = self.map_width * self.map_height
        obstacle_cells = len(self.obstacles)
        cleanable_cells = total_cells - obstacle_cells
        cleaned_cells = len(self.cleaned_cells)

        return (cleaned_cells / cleanable_cells) * 100 if cleanable_cells > 0 else 100

    def is_battery_low(self) -> bool:
        """检查电池是否电量低"""
        return self.battery < 20

    def return_to_base(self):
        """返回充电基座(简化实现)"""
        print("电量低,返回充电基座...")
        # 简单实现:直接重置位置
        self.x, self.y = 0, 0
        self.battery = 100
        print("已返回充电基座,电量已充满")
```

```
    def run(self):
        """运行清扫任务"""
        print("开始清扫任务...")

        while self.get_cleaning_progress() < 100 and not self.is_battery_low():
            # 规划路径
            if not self.plan_path():
                print("无法规划路径,任务完成")
                break

            # 移动
            if self.move():
                # 清扫当前位置
                self.clean()

            # 显示进度
            progress = self.get_cleaning_progress()
            print(f"清扫进度: {progress:.1f}%,电量: {self.battery}%")

            # 模拟时间流逝
            time.sleep(0.1)

        # 如果电量低,返回充电基座
        if self.is_battery_low():
            self.return_to_base()

        print(f"清扫任务完成！清扫进度: {self.get_cleaning_progress():.1f}%")

# 创建并运行扫地机器人
if __name__ == "__main__":
    robot = CleaningRobot(map_width=10, map_height=10)
    robot.run()
```

任务二 编写空气质量评级程序

【任务描述】

《中华人民共和国国民经济和社会发展第十四个五年规划和2035年远景目标纲要》阐

述了推动绿色发展、促进人与自然和谐共生，强调坚持绿水青山就是金山银山的理念，实施可持续发展战略，推动经济社会全面向绿色转型。每年 6 月 5 日是世界环境日，表达了世界各国人民对环境问题的态度，倡导尊重自然、顺应自然、保护自然的理念，实现人与自然和谐共生。

空气质量评级系统可根据空气质量指数（AOI）评定空气质量等级，对各类人群给出户外活动建议。当遇到需要根据某个条件（AOI 的值）是否满足来决定是否执行某些指定操作时，就可以利用分支语句来解决问题。本任务将带领大家通过所学知识编写 Python 程序——空气质量评级程序。

【知识链接】

一、条件语句

条件语句是用来判断给定的条件是否满足表达式不为 0 的值，并且根据判断的结果是真或假从而决定执行的语句，选择结构就是用条件语句来实现的。条件语句可以给定一个判定的条件，并且在程序执行的过程中判断该条件是否成立，从而根据判断结果执行不同的操作。

1.if 语句

条件语句属于分支结构，掌握条件语句的使用方法，可以选择让程序去执行指定的代码块。在 Python 条件语句中，可以通过一条或者多条语句的执行结果（True 或 False）来决定执行的代码块。if 语句流程图如图 3-2 所示。

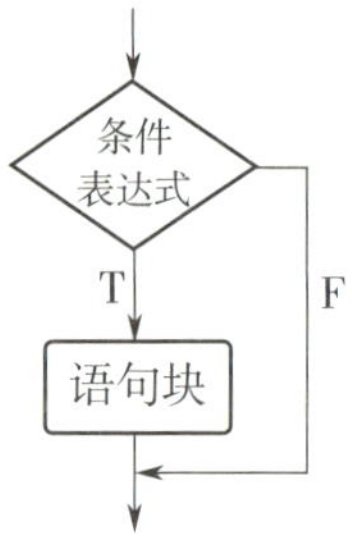

图 3-2 if 语句流程图

if 语句也叫单分支语句，是选择结构语句中最常用的语句。其中“条件表达式”可以是任何一个表达式，若结果为“真”则执行语句块，否则不执行。在 Python 编程中，if 语句用于控制程序的执行，语法格式如下。

```
if 表达式 A:
  语句块 A
```

在 if 语句结构中，表达式 A 确定程序的执行流程，当表达式 A 为真（布尔值为 True）时，则执行语句块 A，当表达式 A 为假（布尔值为 False）时，则不执行语句块 A。需要注意的是，表达式 A 后面的冒号“:”不能省略，语句块 A 需要注意缩进的格式。

编写一个程序，主要功能是实现用户所输入的数字不等于 0。代码如下所示。

```
i = imput("请输入一个数字:")
i = int(i)
if i!=0:
    print("运行成功! i 不等于 0! i=",i)
if i==0:
    print("运行成功! i=0!")
```

2.if-else 语句

当程序中需要对一个条件的两种不同结果进行判断从而执行不同的代码时，就需要使用 if-else 语句了，if-else 语句也叫双分支语句，如图 3-3 所示。

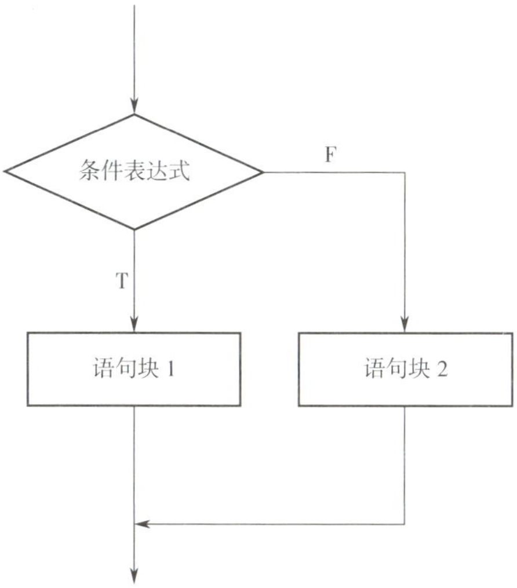

图 3-3 if-else 语句流程图

当“条件表达式”的结果为“True”时，执行“语句块 1”；当“条件表达式”的结果为“False”时，执行“语句块 2”。语法格式如下所示。

```
if 表达式 A:
  语句块 A
else
  语句块 B
```

在 if-else 语句结构中，若表达式 A 为真，则执行语句块 A，否则就会执行语句块 B。用户输入一个数字，判定输入的数字是否大于 0。代码如下所示。

```
i = input("请输入一个数字:")
i = int(i)
if i>0:
  print("运行成功,i 大于 0,i = ",i)
else:
  print("运行成功,i 小于或等于 0")
```

3.if-elif-else 语句

if-elif-else 语句也叫多分支语句，是一种多者择一的结构，利用多个条件选择执行不同的语句块，得到不同的结果，流程如图 3-4 所示。

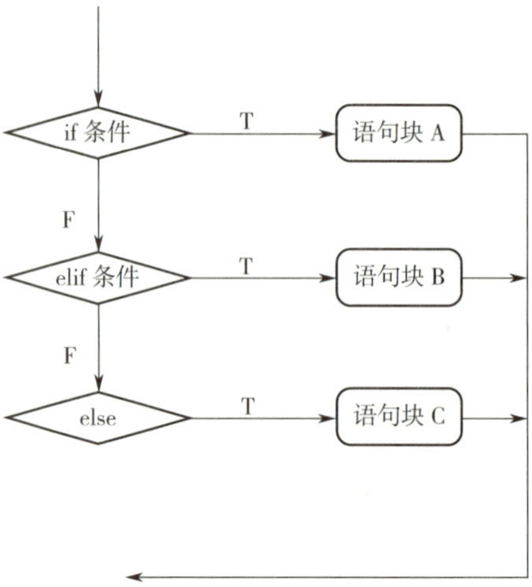

图 3-4　if-elif-else 语句流程图

if-elif-else 语句主要适用于表达式是一个范围的情况。语法格式如下所示。

```
if 表达式 A:
  语句块 A
elif 表达式 B:
  语句块 B
  ……  #其他的 elif 语句块
else:
  语句块 C
```

在 if-elif-else 语句结构中，若表达式 A 为真，则执行语句块 A；若表达式 B 为真，则执行语句块 B；二者均不满足时，则执行语句块 C。需要注意，elif 语句可以有多个。

判断数字大于、小于或等于 0，代码如下所示。

```
i = input("请输入一个数字:")
i = int(i)
if i>0:
  print("运行成功,i 大于 0,i = ",i)
elif i<0:
  print("运行成功,i 小于 0,i = ",i)
else:
  print("运行成功,i 等于 0")
```

4. 条件语句的嵌套

Python 中，if、if-else 和 if-elif-else 之间可以相互嵌套。因此，在开发程序时，根据场景需要，选择合适的嵌套方案。需要注意的是，在相互嵌套时，一定要严格遵守不同级别代码块的缩进规范。在嵌套“if”语句中，可以把 if-else 结构放在另外一个 if-else 结构中，同样也可以将 if-else 结构和 if-elif-else 结构互相嵌套。语法格式如下所示。

```
if 表达式 1:
    语句 A
    if 表达式 2:
        语句 B
    elif 表达式 3:
        语句 C
    else:
        语句 D
elif 表达式 4:
    语句 E
else:
    语句 F
```

编写程序,其功能是让用户输入一个数字,判定数字是否在 0~5、5~10,大于 10,小于或等于 0 这 4 个条件中。代码如下所示。

```
i = input("请输入一个数字:")
i = int(i)
if i>0:
  if i>0 and i<5:
     print("运行成功,i 大于 0 或 i 小于 5,i = ",i)
  elif i>=5 and i<10:
     print("运行成功,i 大于或等于 5 或 i 小于 10,i = ",i)
  else:
     print("运行成功,i 大于或等于 10,i = ",i)
else:
     print("运行成功,i 小于或等于 0")
```

二、循环语句

循环语句属于循环结构,需要重复执行语句块时必须要用到它。循环语句结构有 while 语句和 for 语句,具体形式结构如下。

1.while 语句

在 Python 中, while 语句和 if 条件分支语句类似,即在“条件表达式”为真的情况下,会执行相应的代码块,执行流程如图 3-5 所示。

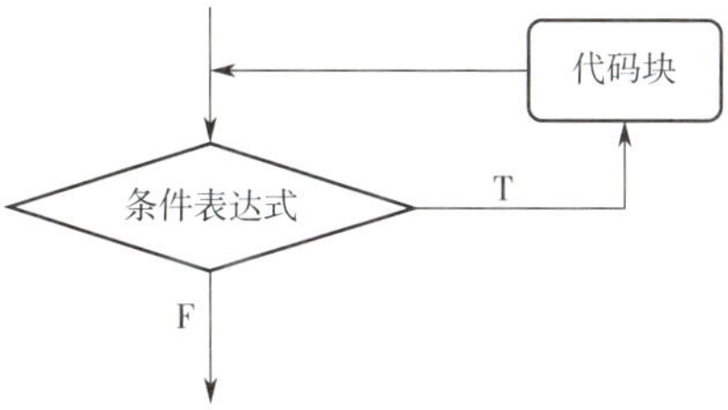

图 3-5　while 语句流程图

只要条件为真，while 语句就会一直重复执行那段代码块。语法格式如下所示。

```
while 表达式 A:
    循环语句块
```

使用 while 语句循环输出 1 到 100 的总和，代码如下所示。

```
i = 1
sum = 0
while i<= 100:
    sum += i
    i+=1
print("总和为:",sum)
```

while 语句中，需要注意冒号和缩进。另外，在 Python 中没有 do-while 语句。在使用 while 语句时，一定要保证循环条件有变成假的时候，否则这个循环将成为一个死循环。

死循环是无法结束循环的循环结构，例如将上面 while 语句的 i += 1 代码注释掉，再运行程序时会发现，Python 解释器一直在执行 "sum+= i"，永远不会结束（因为 i<=100 一直为 True），除非强制关闭解释器。

在 Python 中，无论是 while 语句还是 for 语句，其后都可以紧跟着一个 else 代码块，它的作用是当循环条件为 False 时跳出循环，程序会最先执行 else 代码块中的代码。

2.for 语句

for 语句的执行流程如图 3-6 所示。

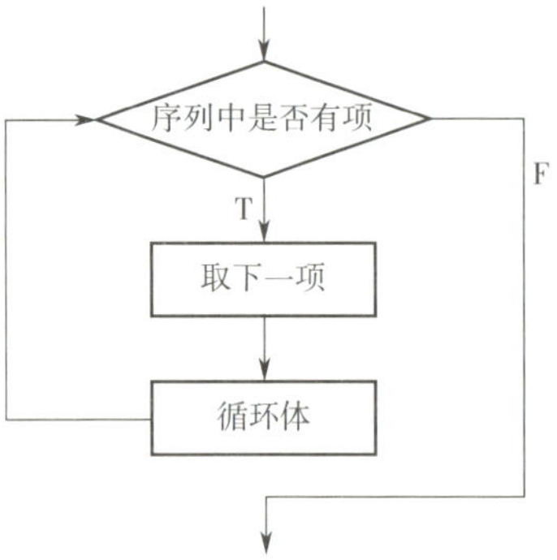

图 3-6　for 语句流程图

for 语句常用于遍历字符串、列表、元组、字典、集合等序列类型，逐个获取序列中的各个元素，使用方法将陆续在后面的项目中介绍。语法格式如下。

```
for 条件表达式:
    代码块 A
```

迭代变量用于存放从序列类型变量中读取出来的元素，所以一般不会在循环中对迭代变量手动赋值；代码块指的是具有相同缩进格式的多行代码，由于循环结构联用，因此代码块又称为循环体。

3.range() 函数

在实际场景中，经常需要存储一组数字。例如在一些成绩中，需要存储每名学生的成绩，还可能需要判断最高分和最低分。在数据可视化中，处理的几乎都是由数字（如温度、距离、人口数量、经度和纬度等）组成的集合。列表非常适用于存储数字集合，并且 Python 提供了 range() 函数，可帮助大家高效地处理数字列表，即便列表需要包含数百万个元素，也可以快速实现。语法格式如下所示。

```
range(start, stop[, step])
```

参数说明见表 3-1。

表 3-1　range() 函数参数说明

参数名	说明
start	计数从 start 开始，默认从 0 开始，如 range（5）等价于 range（0, 5）
stop	计数到 stop 结束，但不包括 stop，如 range（0, 5）是 [0, 1, 2, 3, 4] 没有 5
step	步长，默认为 1，如 range（0, 5）等价于 range（0, 5, 1）

range() 函数能够轻松地生成一系列数字。用户可以通过此函数解决“鸡兔同笼”问题。

4. 循环语句的嵌套

一个循环语句的循环体内包含另一个完整的循环结构，称为循环的嵌套。嵌套在循环体内的循环称为内循环，嵌套内有内循环的循环称为外循环。内循环中还可以嵌套循环，这就是多重循环。

while 语句和 for 语句可以互相嵌套。外层循环体中可以包含一个或多个内层循环结构，但要注意的是，各循环必须完整包含，相互之间不允许有交叉现象。

九九乘法表程序代码如下所示。

```
# 九九乘法表生成程序
for i in range(1, 10): # 控制行数，从 1 到 9
  for j in range(1, i + 1): # 控制每行的列数，从 1 到当前行数
    # 格式化输出，确保对齐
    print(f"{j} × {i}={i*j}", end="\t")
  print() # 每行结束后换行
```

程序说明如下。

①外层循环变量 i 表示被乘数，范围从 1 到 9（包含 9）。

②内层循环变量 j 表示乘数，范围从 1 到 i（确保每行只打印到 $i \times i$）。

③使用格式化输出，格式为“乘数 × 被乘数 = 乘积”。

④ end=“\t”用于每个乘法表达式之间用制表符分隔，保持对齐。

⑤内层循环结束后使用 print()语句换行,开始下一行的打印。

运行程序后,将输出标准的九九乘法表,每行表达式数量随行数递增,清晰展示 1 到 9 的乘法运算结果。

三、循环控制语句

循环控制语句可以更改语句执行的顺序。Python 支持以下循环控制语句: pass 语句、break 语句和 continue 语句。

1.pass 语句

pass 语句的主要作用就是占位,让代码整体完整。如果定义一个函数执行部分为空,或一个判断语句写好之后还没想好满足条件需要执行的内容,后期才会使用,由于没有填写执行内容,函数和判断就会报错,这种情况就可以用 pass 语句进行填坑。示例代码如下所示。

```
def incomplete_function():
    pass    # 暂未实现功能,用 pass 避免语法错误
if 5 > 3:
    pass    # 条件判断已写,但执行内容待后续补充
else:
    print("这部分暂时不用处理")
```

2.break 语句

Python 中的 break 语句,就像在 C 语言中,打破了最小封闭 for 或 while 循环。break 语句用来终止循环语句,即循环条件没有 False 条件或者序列还没被完全递归完,也会停止执行循环语句。break 语句用在 while 和 for 循环中。如果在使用嵌套循环, break 语句将停止执行最深层的循环,并开始执行下一行代码。示例代码如下所示。

```
print("break 示例:")
for i in range(1, 10):
    if i == 5:
        break     # 当 i 等于 5 时,终止整个循环
    print(i, end=" ")  # 输出:1 2 3 4
```

3.continue 语句

在 Python 中, continue 语句指跳出本次循环,而 break 语句指跳出整个循环。continue 语句用来告诉 Python 跳过当前循环的剩余语句,然后继续进行下一轮循环。continue 语句常用在 while 和 for 循环中。示例代码如下所示。

```
print("\ncontinue 示例:")
for i in range(1, 10):
    if i % 2 == 0:
        continue # 当 i 为偶数时,跳过本次循环的剩余部分
    print(i, end=" ") # 输出:1 3 5 7 9
```

【任务拓展】

空气质量指数（AQI）共分为以下六个级别：一级为优（AQI 在 0 至 50），表示颜色为绿色，对健康的影响为空气质量令人满意，基本无空气污染；二级为良（AQI 在 51 至 100），表示颜色为黄色，对健康的影响为空气质量可接受，但某些污染物可能对极少数异常敏感人群健康有较弱影响；三级为轻度污染（AQI 在 101 至 150），表示颜色为橙色，对健康的影响为易感人群症状有轻度加剧，健康人群出现刺激症状；四级为中度污染（AQI 在 151 至 200），表示颜色为红色，对健康的影响为进一步加剧易感人群症状，可能对健康人群心脏、呼吸系统有影响；五级为重度污染（AQI 在 201 至 300），表示颜色为紫色，对健康的影响为心脏病和肺病患者症状显著加剧，运动耐受力降低，健康人群普遍出现症状；六级为严重污染（AQI 在 300 以上），表示颜色为褐红色，对健康的影响为健康人群运动耐受力降低，有明显强烈症状，提前出现某些疾病。

大家根据 AOI 的值判断空气质量等级，并输出对健康影响提示信息。详细代码如下所示。

```
class AirQuality:
    """空气质量评估系统"""

    # 空气质量等级配置（数据驱动设计）
    LEVELS = [
        {"name": "优", "range": (0, 50), "color": "绿色", "health_impact": "空气质量令人满意，基本无空气污染"},
        {"name": "良", "range": (51, 100), "color": "黄色", "health_impact": "空气质量可接受，但某些污染物可能对极少数异常敏感人群健康有较弱影响"},
        {"name": "轻度污染", "range": (101, 150), "color": "橙色", "health_impact": "易感人群症状有轻度加剧，健康人群出现刺激症状"},
        {"name": "中度污染", "range": (151, 200), "color": "红色", "health_impact": "进一步加剧易感人群症状，可能对健康人群心脏、呼吸系统有影响"},
        {"name": "重度污染", "range": (201, 300), "color": "紫色", "health_impact": "心脏病和肺病患者症状显著加剧，运动耐受力降低，健康人群普遍出现症状"},
        {"name": "严重污染", "range": (301, float('inf')), "color": "褐红色", "health_impact": "健康人群运动耐受力降低，有明显强烈症状，提前出现某些疾病"}
    ]

    @staticmethod
    def get_level(aqi: int) -> dict:
        """根据 AQI 值获取对应的空气质量等级信息"""
        if aqi < 0:
            raise ValueError("AQI 值不能为负数")

        for level in AirQuality.LEVELS:
            lower, upper = level["range"]
```

```
            if lower <= aqi <= upper:
                return level

        # 默认返回最高等级(理论上不会执行到这里)
        return AirQuality.LEVELS[-1]

    @staticmethod
    def assess(aqi: int) -> str:
        """评估 AQI 并返回格式化的评估结果"""
        level = AirQuality.get_level(aqi)

        result = (
            f"\n===== 空气质量评估结果 ====="
            f"\nAQI 值: {aqi}"
            f"\n 空气质量等级: {level['name']}"
            f"\n 对应颜色: {level['color']}"
            f"\n 健康影响: {level['health_impact']}"
        )

        return result
```

任务总结

通过学习程序流程图、分支语句、循环语句和跳转语句,大家应重点掌握以下内容。

(1)程序流程图表示的运行顺序,是一种常用的表示算法的图形化工具。

(2)分支语句有 if 语句、if-else 语句、if-elif-else 语句和嵌套的 if 语句。

(3)循环语句有 while 语句和 for 语句两种。一般情况下能处理同一个问题,也可以相互替代。

(4)for 语句经常与 range()函数一起使用, range()函数是 Python 的内置函数,可创建一个整数列表。

(5)一个循环语句的循环体内包含另一个完整的循环结构,称为循环的嵌套。

(6)使用 break 语句和 continue 语句可提前结束正在执行的循环操作。但要注意的是,break 语句是跳出整个循环,而 continue 语句是结束本次循环。

项目考核

一、选择题

(1)当需要根据两个条件判断需要进行何种操作时使用(　　)语句。

A. while　　B. if-else　　C. break　　D. continue

（2）当需要跳出循环体时使用（　　）语句。

A. continue　　B. end　　C. pass　　D. break

（3）跳出本次循环的语句是（　　）。

A. continue　　B. break　　C. pass　　D. end

（4）range()函数中用于指定计数开始位置的参数是（　　）。

A. start　　B. head　　C. stop　　D. step

二、简答题

（1）简述 if 语句的功能。

（2）简述循环语句的功能。

三、编程题

（1）编写 Python 程序，开发“人机猜拳”游戏。

提示：游戏模拟用户和计算机猜拳，一方先赢三次为胜利，程序中需要用循环结构来实现，利用跳转语句结束循环。

（2）编写程序，根据输入的分数（0~100），使用条件判断输出对应的等级：90~100 分为“A”，80~89 分为“B”，70~79 分为“C”，60~69 分为“D”，60 分以下为“E”。要求处理分数超出范围的情况（如提示“分数无效”）。

（3）使用循环计算 1 到 n 的累加和，但当累加和超过 100 时，用 break 语句终止循环并输出此时的和与对应的 n 值（例如：$1+2+\cdots+k$ 的和首次超过 100 时，输出和与 k）。

（4）生成 1 到 50 之间所有能被 3 或 5 整除的数，放入列表并输出。要求用 continue 语句跳过不符合条件的数，避免使用过多的条件判断。

（5）输入一个正整数，用循环和条件判断判断它是否为素数（素数是大于 1 且除了 1 和自身外无其他因数的数）。

项目四

因材施教，各尽其才——数据容器（序列）

思政导读

在 Python 编程世界里，数据容器如同各具特色的“工具箱”，字符串、列表、字典、元组和集合等序列各有所长。这一现象恰似教育领域中的“因材施教、各尽其才”理念，深刻诠释了如何发挥个体优势达成最优效果。

字符串、列表、字典等不同的数据容器，它们有着各自独特的属性和适用场景。比如，字符串擅长处理文本信息；列表灵活多变，适合存储和操作有序的数据；字典以键值对形式存储，便于快速查找和修改特定数据；元组则因不可变性，常用于保护数据的完整性。在实际编程中，若不考虑问题特性盲目选择数据结构，就如同让不善奔跑的动物参加赛跑，不仅效率低下，还可能导致程序漏洞百出。只有深入分析问题本质，精准匹配数据容器，才能实现高效编程。如同教育者需要深入了解每个学生的性格、兴趣、能力和特点，为他们量身定制学习计划和发展路径。对于逻辑思维强的学生，可以引导其深入探索算法设计；对富有创意的学生，鼓励他们在程序界面设计等方面大胆尝试，让每个学生都能在自己擅长的领域发光发热，真正做到“各尽其才”。

这种“因材施教、各尽其才”的理念，不仅适用于编程和教育，更是一种普适的人生智慧。在未来的工作与生活中，大家面对各类问题时，都应学会像选择合适的数据容器一样，客观评估自身优势与外界条件，找到最契合的解决之道，实现个人价值与社会价值的最大化。

学习目标：

- 掌握序列的基本操作；
- 掌握字符串格式化方法和常用操作；
- 掌握列表和字典的创建、访问、遍历和基本操作方法；
- 熟悉元组的创建、访问、合并和遍历方法；
- 熟悉集合的创建和基本操作方法；

● 根据实际问题选择合适的数据类型。

素养目标：

● 培养具体问题具体分析的习惯；

● 提高解决问题的能力；

● 提高初步自编程序的能力。

任务一　学习通用序列

【任务描述】

在一门开发语言中，序列是必不可少需要学习的重要知识点，通过序列能够将一组数据很好地保存起来，然后进行分析从而节省变量创建的数量。根据不同的数据类型和要求可选用不同类型的序列，然后对数据进行高效的数据处理和分析，提高工作效率。

序列可以进行特定的操作，如索引、分片、相加、相乘，计算序列长度，获取最大值和最小值，查找和计数等。

【知识链接】

一、索引

序列中的所有元素都可以通过索引（下标）来获取，从左往右，第一个元素的索引为 0，第二个为 1，依此类推。索引还可以取负值，从右往左，最后一个元素的索引为-1，倒数第二个为-2，依此类推。字符串就是由字符组成的序列。具体代码如下所示。

```
# 定义一个字符串序列和列表序列
s = "Python"
nums = [10, 20, 30, 40, 50]
# 索引示例
print("=== 索引 ===")
print(s[0])  # 正向索引：取第一个字符 P
print(s[-1])  # 负向索引：取最后一个字符 n
print(nums[2])  # 列表正向索引：取第三个元素 30
print(nums[-2]) # 列表负向索引：取倒数第二个元素 40
```

二、分片

分片与索引类似，都可以获取序列中的元素，区别是索引只能获取单个元素，而分片可以获取一定范围内的元素。

分片通过冒号隔开的两个索引来实现，其语法格式如下。

```
slice[start:end:step]
```

其中，slice 表示序列；start 表示起始索引（缺省时分片从序列中的第一个元素开始）；end 表示结束索引（缺省时分片到序列的最后一个元素结束）；step 表示步长（缺省时为 1，不能为 0，但可以是负数，负数时起始索引必须大于结束索引，即分片从右往左提取元素）。具体代码如下所示。

```
# 分片示例
print("\n=== 分片 ===")
print(s[1:4])  # 从索引 1 到 3（不包含 4）：yth
print(nums[::2]) # 步长为 2，取所有元素：[10, 30, 50]
print(s[::-1]) # 步长为-1，反转字符串：nohtyP
print(nums[3:0:-1]) # 从索引 3 到 1（不包含 0）：[40, 30, 20]
```

三、相加与相乘

用户使用加法运算符可以对序列进行连接操作，只有相同类型的序列才能进行连接操作，字符串和列表无法连接在一起的。用户使用数字 *n* 乘以一个序列会生成新的序列。在新的序列中，原来的序列将重复出现 *n* 次。具体代码如下所示。

```
#相加与相乘示例
print("\n=== 相加与相乘 ===")
print(s + "编程")  # 字符串相加：Python 编程
print(nums + [60, 70])  # 列表相加：[10, 20, 30, 40, 50, 60, 70]
print("Hi" * 3)   # 字符串相乘：HiHiHi
print([1, 2] * 2)  # 列表相乘：[1, 2, 1, 2]
```

四、序列长度、最大值和最小值

序列中常用的内置函数有 len()、max()和 min()，其参数都为序列名。其中，len()函数返回序列中元素的个数，即序列长度；max()函数和 min()函数分别返回序列中最大和最小的元素。具体代码如下所示。

```
# 序列长度、最大值和最小值
print("\n=== 长度、最大值和最小值 ===")
print(len(s))     # 字符串长度：6
print(len(nums))  # 列表长度：5
print(max(s))     # 字符串最大字符：y
print(min(nums))  # 列表最小元素：10
```

五、查找和计数

序列提供了 index()方法用于返回指定元素在序列中首次出现的位置，如果该元素不在序列中则抛出异常，其语法格式如下。

```
sequence.index( obj )
```

其中，sequence 表示序列，obj 表示要查找的对象。

用户在使用此方法前应该通过成员运算符来判断该元素是否存在序列中，避免程序出错。如果想知道指定元素在序列中出现的次数，可以使用 count()方法进行计数并返回。具体代码如下所示。

```
# 查找和计数
print("\n=== 查找和计数 ===")
print(s.index('h'))    # 查找'h'首次出现的位置:3
print(nums.count(30)) # 计数 30 出现的次数:1
# 安全查找
target = 'z'
if target in s:
    print(s.index(target))
else:
    print(f"{target} 不在字符串中") # 输出:z 不在字符串中
```

任务二　学习字符串与正则表达式

【任务描述】

在 Python 中，字符串是一个非常重要的知识，使用字符串可以实现很多功能，比如比对用户输入的字符串和系统默认的字符串是否匹配或在使用 Python 语言开发 Web 程序或其他应用程序时，时常会接收用户输入的信息，如果用户在输入过程中由于误操作输入多余的空格或输入的内容不符合长度规范，都需要使用特定的方法对其进行操作，我们称之为字符串操作。

【知识链接】

一、字符串

1. 字符串操作方法

Python 中常用的字符串操作方法分为五类，分别为去空格、替换、查找、获取和分隔，具体见表 4-1。

表 4-1　字符串操作方法

方法	说明
strip()	删除字符串两边的指定字符，默认为空格
lstrip()	删除字符串左边的指定定符，默认为空格
rstrip()	删除字符串右边的指定字符，默认为空格
find()	检测字符串中是否包含指定的字符序列，如果指定范围 beg 和 end，则检查是否包含在指定范围内，如果包含，返回开始的索引值，否则返回-1
index()	与 find()方法一样，区别为如果 str 不在字符串中会报异常
len()	获取字符串长度
lower()	将字符串全部转换为小写
upper()	将字符串全部转换为大写
swapcase()	大小写互换
capitalize()	将首字母转换为大写
center()	将字符串放入中心位置可指定长度以及位置两边字符
count()	统计字符串中指定字符串的数量
replace	替换字符串中指定字符
split()	按指定字符分隔字符串

1）去空格

去空格指能够将字符串中的指定字符替换为空（默认为空），最常见的使用方式是将空格替换为空，常用方法包括 strip()、lstrip () 和 rstrip()，其语法格式如下所示。

```
str.strip([chars])
str.lstrip ([chars])
str.rstrip([chars])
```

参数说明如下。

（1）str：表示要处理的字符串。

（2）chars：表示字符串中要处理的字符序列。

具体代码如下所示。

```
# 定义测试字符串
s = "  Hello World!  "
text = "Python is powerful, Python is easy"
# 去空格方法
print("=== 去空格 ===")
print(s.strip())     # 去除两端空格："Hello World!"
print(s.lstrip())    # 去除左端空格："Hello World!  "
```

```
print(s.rstrip())    # 去除右端空格：" Hello World!"
print("abccba".strip("a")) # 去除指定字符："bccb"
```

2）替换

替换主要用于将字符串中的大小写字母转换，替换字符串中的指定字符等，常用方法包括 lower()、upper()、swapcase()、capitalize()、replace() 和 center()，其语法格式如下所示。

```
str.lower()
str.upper()
str. swapcase()
str. capitalize()
str.replace(old, new[, max])
str.center(width[, fillchar])
```

参数说明如下。

（1）str：表示要处理的字符串。

（2）old：将被替换的子字符串。

（3）new：替换后的字符串。

（4）max：可选字符串，替换不超过 max 次。

（5）width：表示字符串的总宽度。

（6）fillchar：填充字符。

具体代码如下所示。

```
# 替换方法
print("\n=== 替换 ===")
print(s.lower())     # 转小写：" hello world! "
print(s.upper())     # 转大写：" HELLO WORLD! "
print("AbCd".swapcase()) # 大小写互换："aBcD"
print("hello".capitalize()) # 首字母大写："Hello"
print(text.replace("Python", "Java", 1)) # 替换 1 次："Java is powerful, Python is easy"
print("hi".center(5, "*")) # 居中填充："*hi**"
```

3）查找

查找指用于检测字符串中是否包含指定的字符序列，常用方法包括 index() 和 find()，其语法格式如下所示。

```
str.index(str, beg=0, end=len(string))
str.find(str, beg=0, end=len(string))
```

参数说明如下。

（1）str：表示要处理的字符串。

（2）beg：开始索引，默认为 0。

（3）end：结束索引，默认为字符串的长度。

具体代码如下所示。

```
# 查找方法
print("\n=== 查找 ===")
print(text.index("is")) # 查找子串位置：7
print(text.find("Python", 10)) # 从索引 10 开始查找：24
print(text.find("xyz")) # 查找不存在的子串：-1
```

4）获取

获取指主要讲解如何获取字符串的长度和字符串中指定字符序列的数量，常用方法包括 len() 和 count()，其语法格式如下所示。

```
len(str)
str.count(sub, start= 0,end=len(string))
```

参数说明如下。

（1）str：表示要处理的字符串。

（2）start：搜索的起始位置，默认从第一个字符索引 0 开始。

（3）end：结束搜索位置，默认从第一个字符索引 0 开始。

具体代码如下所示。

```
# 获取方法
print("\n=== 获取 ===")
print(len(text))        # 字符串长度：33
print(text.count("Python")) # 统计子串出现次数：2
print(text.count("is", 10)) # 从索引 10 开始统计：1
```

5）分隔

分隔主要用于从指定位置对字符串进行分隔，常用方法为 split()，其语法格式如下所示。

```
str.split(splitstr="", num=string.count(str))
```

参数说明如下。

（1）str：表示要处理的字符串。

（2）splitstr：分隔符，默认为所有的空字符，包括空格、换行 (\n)、制表符 (\t) 等。

（3）num：分割次数。默认为 -1，即分隔所有。

具体代码如下所示。

```
# 分隔方法
print("\n=== 分隔 ===")
print("a,b,c".split(",")) # 按逗号分隔：['a', 'b', 'c']
print("one two  three".split()) # 按空格分隔（自动处理多个空格）：['one', 'two', 'three']
```

```
print(text.split(" ", 2)) # 最多分隔 2 次：['Python', 'is', 'powerful, Python is easy']
```

2. 字符串运算符

字符串运算符是指使用一些符号对字符串进行操作，如连接字符串、截取字符串、判断字符串中是否包含给定成员等。与字符串内置函数相比使用简单，常用的字符串运算符见表 4-2。具体代码如下所示。

```
# 字符串运算符示例
s1 = "Hello"
s2 = "World"
# 连接运算符
print("连接:", s1 + " " + s2) # 输出: Hello World
# 重复运算符
print("重复:", s1 * 2) # 输出: HelloHello
# 成员运算符
print("包含检查:", "ell" in s1) # 输出: True
print("不包含检查:", "xyz" not in s2) # 输出: True
# 索引运算符
print("索引访问:", s1[1]) # 输出: e
# 切片运算符
print("切片:", s2[1:4]) # 输出: orl
```

表 4-2　字符串运算符

操作符	说明
+	用于连接字符串
*	用于指定重复输出字符串
[]	使用索引获取字符串中的某个字符（索引从 0 开始）
[:]	截取字符串中的一部分，遵循“左闭右开”原则
in	成员运算符—如果字符串中包含给定的字符返回 True
not in	成员运算符—如果字符串中不包含给定的字符返回 True
r/R	以原始字符串的形式显示

3. 格式化字符串

格式化字符串是指将字符串格式化后输出，最常见的基本用法是将一个值插入到字符串中，Python 字符串格式符见表 4-3。具体代码如下所示。

```
# 格式化字符串示例
name = "Alice"
age = 30
score = 95.5
```

```
# f-string 格式化
print(f"f-string: {name} is {age} years old, score: {score}")
# format() 方法
print("format(): {} is {} years old, score: {:.1f}".format(name, age, score))
# 占位符 % 格式化
print("占位符: %s is %d years old, score: %.2f" % (name, age, score))
# 格式化指定宽度
print("对齐: " + "{:^20}".format(name)) # 居中对齐，总宽度 20
```

表 4-3 字符串格式符

符号	描述
%c	格式化字符及其 SSC Ⅱ码
%s	格式化字符串
%d	格式化整数
%u	格式化无符号整数
%o	格式化无符号八进制数
%x	格式化无符号十六进制数
%X	格式化无符号十六进制数(大写)
%f	格式化浮点数字，可指定小数点后的精度
%e	用科学计数法格式化浮点数
%E	作用同%e，用科学计数法格式化浮点数
%g	%f 和%e 的简写
%G	%f 和%E 的简写
%p	用十六进制数格式化变量的地址

二、正则表达式

正则表达式是一种文本匹配模式，在代码中常被写为 RegEx、RegExp 或 RE，用来在文本中检索和替换符合规则的文本。另外，正则表达式是对普通字符、特殊字符等文本进行规则匹配的一种逻辑公式，规则字符是预先定义并由特定字符组成的字符集合，用来表示对字符串的过滤逻辑。

在使用正则表达式之前，对静态文本进行搜索和替换非常不便。尽管可以对预期文本进行搜索与替换，但缺少一定的灵活性，并且在动态文本搜索方面同样十分困难。在使用正则表达式后，不但能够实现对静态文本的搜索和替换，还能够对极具灵活性和不确定性的动态文本实现检索等功能。正则表达式可完成的操作有数据验证、文本替换以及提取符合规则的字符串等。

(1)数据验证：可以对输入的字符进行规则匹配，判断输入的字符是否符合或包含特定的字符。

（2）文本替换：正则表达式能够识别文档中的特定字符，实现完全删除或替换该字符的能力。

（3）提取符合规则的字符串：可以查找文档内或输入域内符合规则的特定文本。

另外，正则表达式在处理文本文件时有较高的灵活性、较强的功能性，因此在各文本编辑器中都有应用，如 Microsoft Word、Visual Studio 等大型编辑器，都可以使用正则表达式来处理文本内容。

1. 正则表达式的组成

正则表达式是一个特殊的字符串，主要由普通字符、定位符、限定符、选择字符、转义字符、特殊字符等组成。其中，正则表达式包含字符均为元字符。

1）普通字符

普通字符指没有指定为元字符的可打印或不可打印的相关字符，包括所有大小写字母、数字、标点符号等，常用的普通字符见表 4-4。

表 4-4　普通字符

字符	描述
[xyz]	字符集合，匹配所包含的任意一个字符
[^xyz]	负值字符集合，匹配未包含的任意字符
[a-z]	匹配指定范围的任意字符，如[*a-z*]用于匹配任意小写字符、[*A-Z*]用于匹配任意大写字母、[0-9]用于匹配任意数字
[^a-z]	匹配任何不在指定范围内的任意字符
\d	匹配一个数字字符
\D	匹配一个非数字字符
\w	匹配字母、数字、下画线
\W	匹配非字母、数字、下画线

2）定位符

在正则表达式中，定位符用于表达式首尾的固定，可以限定匹配字符串或单词的边界，常用的定位符见表 4-5。

表 4-5　定位符

字符	描述
^	匹配输入字符串开始的位置
$	匹配输入字符串结尾的位置
\b	匹配一个单词边界，即字与空格间的位置
\B	非单词边界匹配

3）限定符

限定符用于指定匹配的次数，也就是说，指定的内容必须出现指定的次数才可以满足匹配操作，常用的限定符见表 4-6。

表 4-6 限定符

字符	描述
*	匹配零次或多次
+	匹配一次或多次
?	匹配零次或一次
{n}	匹配 *n* 次
{n,]	匹配至少 *n* 次
[n,m]	匹配最少 *n* 次且最多 *m* 次

根据限定符功能的不同，可以将正则表达式匹配分为贪婪匹配和非贪婪匹配。

（1）贪婪匹配：在匹配过程中，匹配不定次数的表达式总是尽可能多地匹配，可使用 *、+、{n,}、{n,m} 等实现。

（2）非贪婪匹配：也叫最小匹配，即匹配次数不定的表达式尽可能少地匹配，在可匹配可不匹配时，采取“不匹配”模式，只需使用“?”即可实现。

4）选择字符

在正则表达式中，选择字符使用“()”实现，多个选项之间使用“|”进行连接，可以实现多个可选项的匹配。例如（THE|The|the）可以匹配符合 THE、The、the 三个选项的任意一个。

5）转义字符

转义字符通常以 "\ 字母 " 表示，用于使反斜杠“\”后字符的意义发生改变。常用的转义字符见表 4-7。

表 4-7 转义字符

字符	描述
\f	匹配一个换页符
\n	匹配一个换行符
\r	匹配一个回车符
\s	匹配任何空白字符，包括空格、制表符、换页符
\S	匹配任何非空白字符
\t	匹配一个制表符

除了表中的几种转义字符外，前面的 \d、\D、\w、\W、\b、\B 等都属于转义字符。

6）特殊字符

在正则表达式中，特殊字符指含有特殊意义的字符，如反斜杠“\”即为一个特殊字符，常用的特殊字符见表 4-8。

表 4-8　特殊字符

字符	描述
.	匹配除换行符\n 之外的任何单字符
[	标记一个中括号表达式的开始
\	将下一个字符标记为特殊字符、原义字符号
|	指明两项之间的一个选择
{	标记限定符表达式的开始

除了中的几种特殊字符外，前面的 $、()、*、+、?、^ 等都属于特殊字符。正则表达式默认从左到右的顺序进行计算，但是不同的字符有着不同的优先级，正则表达式运算符的优先级从左到右，由上至下如下：\ → (),[] → *,+,?,{n},{n,},{n,m} → ^,$ → \ 字符 →任意字符 → |。

2. 正则表达式的使用

在 Python 中，提供了一个包含正则表达式相关操作函数的内置 re 模块，可以实现内容的匹配、替换、分割等操作，常用的正则表达式操作函数见表 4-9。

表 4-9　正则表达式操作函数

函数	描述
compile()	创建正则表达式对象
match()	从起始位置开始查找符合匹配的第一个内容
search()	从任何位置开始查找符合匹配的第一个内容
findall()	查找符合匹配的全部内容，返回列表
finditer()	查找符合匹配的全部内容，返回迭代器
split()	分割字符串，返回列表
sub()	替换匹配内容

1）compile() 函数

compile() 是 re 模块常用的函数，可以根据正则表达式字符串进行正则表达式对象的创建，提高匹配效率，语法格式如下所示。

```
re.compile(pattern,flags)
```

参数说明如下。

（1）pattern：表示正则表达式字符串。

（2）flags：匹配方式。flags 参数包含多种用于设置正则表达式匹配方式的参数值，常用参数值见表 4-10。

表 4-10 **flags 包含的参数值**

参数值	描述
re.I	忽略大小写
re.M	多行模式
re.S	字符“.”的任意匹配模式
re.L	特殊字符集，取决于当前环境
re.U	特殊字符集，取决于 unicode 定义的字符属性
re.X	忽略空格和符号“#”后面的内容

具体代码如下所示。

```
import re
# compile() 函数
pattern = re.compile(r'\d+')  # 编译匹配数字的正则表达式
print("compile() 结果:", type(pattern)) # 输出正则表达式对象类型
```

除了使用 compile() 函数创建正则表达式对象外，还可以直接使用字符串表示正则表达式，这时，Python 会将正则表达式转换为正则表达式对象，并行在后面，每次使用该正则表达式都需要进行正则表达式对象的转换。而 compile() 函数在使用时，只会进行一次正则表达式对象的转换，之后不需转换可直接使用。

2)match() 函数

match() 函数主要用于内容的匹配，可以从字符串的任意位置开始进行匹配，并将符合正则表达式的匹配结果以 Match 对象形式返回；当不符合时，则返回 None。需要注意的是，match() 函数只进行一次匹配。match() 函数使用的语法格式如下所示。

```
# 方式一：从任意位置开始匹配
RegexObject=re.compile(pattern,flags)
RegexObject.match(string,pos,endpos)
# 方式二：从头部开始匹配
re.match(pattern,string,flags)
```

参数说明如下。

(1)RegexObject：正则表达式对象。

(2)pattern：正则表达式字符串。

(3)flags：匹配方式 。

(4)string：待匹配字符串。

(5)pos：字符串起始位置，默认值为 0。

(6)endpos：字符结束位置，默认值为字符串长度。

Match 对象提供了多个函数，可以进行详细信息的获取，包括匹配到的字符串以及该字符串的起始位置、结束位置等，常用方法见表 4-11。

表 4-11　**Match 对象函数**

函数	描述
start()	匹配字符串的起始位置，可通过指定序号获取对应分组包含字符串的起始位置，默认值为 0，获取整个字符串的起始位置
end()	匹配字符串的结束位置，可通过指定序号获取对应分组包含字符串的结束位置，默认值为 0，获取整个字符串的结束位置
span()	匹配字符串的起始和结束，可通过指定序号获取对应分组包含字符串的起始和结束位置，默认值为 0，获取整个字符串的起始和结束
group()	匹配字符串，可通过指定序号获取对应分组包含的字符串，默认值为 0，获取整个字符串

具体代码如下所示。

```
# match() 函数
text = "年龄: 25, 身高: 180"
match_result = pattern.match(text, 4)  # 从索引 4 开始匹配
if match_result:
    print("match() 结果:", match_result.group()) # 输出匹配到的数字: 25
else:
    print("match() 未匹配到结果")
```

3)search()函数

search() 函数与 match() 函数基本相同，match() 函数在直接使用字符串作用正则表达式时，只能从头部开始进行匹配，而 search() 函数既可以在指定位置进行匹配，还可以进行整个字符串的匹配。语法格式如下所示。

```
# 方式一:指定位置匹配
RegexObject=re.compile(pattern,flags)
RegexObject.search(string,pos,endpos)
# 方式二:匹配整个字符串
re.search(pattern,string,flags)
```

具体代码如下所示。

```
# search() 函数
search_result = re.search(r'\d+', text)
print("search() 结果:", search_result.group()) # 输出第一个匹配的数字: 25
```

4)findall() 函数

match() 函数和 search() 函数只能进行单次匹配，而 findall() 函数会对整个字符串进行检索，获取所有符合正则表达式的结果，并将结果以列表的形式返回。findall() 函数使用的语法格式如下所示。

```
# 方式一:指定任意区间进行检索
RegexObject=re.compile(pattern,flags)
RegexObject.findall(string,pos,endpos)
# 方式二:从头部开始进行检索
re.findall(pattern,string,flags)
```

具体代码如下所示。

```
# findall() 函数
findall_result = re.findall(r'\d+', text)
print("findall() 结果:", findall_result) # 输出所有数字: ['25', '180']
```

5)finditer()函数

finditer() 函数与 findall() 函数功能相同，finditer() 函数会将结果以迭代器格式返回，迭代器中每一项均为 Match 对象，语法格式如下所示。

```
# 方式一:指定任意区间进行检索
RegexObject=re.compile(pattern,flags)
RegexObject.finditer(string,pos,endpos)
# 方式二:从头部开始进行检索
re.finditer(pattern,string,flags)
```

具体代码如下所示。

```
# finditer() 函数
finditer_result = re.finditer(r'\d+', text)
print("finditer() 结果:")
for item in finditer_result:
    print(f"值: {item.group()}, 位置: {item.span()}") # 输出值和位置
```

6)split() 函数

split() 函数主要用于字符串的分割，可以使用符合正则表达式的字符分割字符串，并将结果以列表的形式返回，语法格式如下所示。

```
# 方式一:指定任意区间进行检索
RegexObject=re.compile(pattern,flags)
RegexObject.finditer(string,maxsplit)
# 方式二:从头部开始进行检索
re.finditer(pattern,string,maxsplit,flags)
```

参数说明如下。

(1)RegexObject：正则表达式对象。

(2)pattern：正则表达式字符串 。

(3)flags：匹配方式。

（4）string：待匹配字符串。

（5）maxsplit：分隔次数，默认值为 0，表示不限次分割。

具体代码如下所示。

```
# split() 函数
split_text = "apple,banana;orange|grape"
split_result = re.split(r'[,;|]', split_text) # 按逗号、分号或竖线分割
print("split() 结果:", split_result) # 输出分割后的列表
```

7）sub()函数

sub() 是 re 模块中提供的替换函数，可以将符合正则表达式的字符串替换，并返回替换。语法格式如下所示。

```
# 方式一：指定任意区间进行检索
RegexObject=re.compile(pattern,flags)
RegexObject.sub(repl,string,count)
# 方式二：从头部开始进行检索
re.sub(pattern,repl,string,count,flags)
```

参数说明如下。

（1）RegexObject：正则表达式对象。

（2）pattern：正则表达式字符串。

（3）flags：匹配方式 。

（4）repl ：替换内容，可以是字符串或函数。

（5）string ：待匹配字符串。

（6）count：替换次数，默认值为 0，表示替换所有匹配内容。

具体代码如下所示。

```
# sub() 函数
sub_text = "电话: 12345678901, 另一电话: 98765432101"
sub_result = re.sub(r'\d{11}', '***', sub_text, count=1) # 替换第一个 11 位数字
print("sub() 结果:", sub_result) # 输出替换后的字符串
```

sub() 函数在进行替换操作时，不仅可以接受字符串进行替换，还可以接受一个函数，但该函数只接受一个 Match 对象的参数，并返回一个用于替换操作的字符串。

任务三　学习列表

【任务描述】

其他编程语言的开发过程中，经常需要将一组数据存储起来，以便在后续代码中使用，这就是所说的数组。它可以把多个数据挨个存储到一起，通过数组下标可以访问数组中的每个元素。但是，在 Python 中没有数组，而是加入了更加强大的列表。如果把数组看 作一个集装箱，那么 Python 的列表就是一个工厂的仓库。

列表(list)是包含零个或多个元素的有序序列。列表的长度和内容都是可变的，用户可自由对列表中的元素进行添加、删除或修改等操作。列表没有长度限制，元素类型也可以不同，可以同时包含数字、字符串等基本类型，和元组、字典、集合及其他自定义数据类型的对象一起使用非常灵活。

【知识链接】

一、列表的创建

Python 中，创建列表的方法可分为两种，第一种是将所有元素都放在一对中括号“[ ]”里面，相邻元素之间用逗号“,”分隔。另一种是使用 list()函数代指列表，这是因为列表的数据类型就是列表类型。

与整数和字符串不同，列表要处理一组数据必须通过显式的数据赋值才能生成，简单地将一个列表赋值给另一个列表是不会生成新的列表对象，只会对原有列表生成一个新的引用。

1.[ ] 创建列表

使用 [ ] 创建列表后，使用“=”将它赋值给某个变量，语法格式如下所示。

```
number = [element 1 , element 2 , element 3 , ... , element n]
```

其中，number 表示变量名，element 1~ element n 表示列表元素。元素的个数没有限制，只要是 Python 支持的数据类型就可以。列表可以存储整数、小数、字符串、元组等任何类型的数据，并且同一个列表中元素的类型也可以不同。使用此方式创建列表时，列表中的元素可以有多个，也可以为空。

2.list() 函数创建列表

在 Python 中提供了一个内置的 list()函数，它可以将其他数据类型转换为列表类型。此函数可将字符串、range 对象、元组等转换为列表。

具体代码如下所示。

```
# 将字符串转换为列表( 每个字符作为列表元素 )
```

```
str_data = "Python"
list_from_str = list(str_data)
print("字符串转换为列表:", list_from_str) # 输出: ['P', 'y', 't', 'h', 'o', 'n']
# 将 range 对象转换为列表
range_data = range(1, 6) # range(1,6) 包含 1,2,3,4,5
list_from_range = list(range_data)
print("range 转换为列表:", list_from_range) # 输出: [1, 2, 3, 4, 5]
# 将元组转换为列表
tuple_data = ("苹果", "香蕉", "橙子")
list_from_tuple = list(tuple_data)
print("元组转换为列表:", list_from_tuple) # 输出: ['苹果', '香蕉', '橙子']
# 将集合转换为列表（集合是无序的，转换后的列表顺序可能不同）
set_data = {10, 20, 30}
list_from_set = list(set_data)
print("集合转换为列表:", list_from_set) # 可能输出: [10, 20, 30]（顺序不固定）
```

二、列表的访问

列表是 Python 序列的一种，用户可以通过索引访问列表中的某个元素，从而得到一个元素的值，也可以使用分片访问列表中的一组元素，得到的是一个新的子列表。

1. 索引访问

在序列中，每个元素都有属于自己的索引（编号）。从起始元素开始，索引值从 0 开始递增。同时 Python 还支持索引值是负数，此类索引是从右向左计数，从最后一个元素开始计数，索引值从 -1 开始。

具体代码如下所示。

```
# 定义一个示例列表
fruits = ["苹果", "香蕉", "橙子", "葡萄", "草莓"]
# 索引访问
print("=== 索引访问 ===")
print(fruits[0])  # 正向索引：第一个元素 -> 苹果
print(fruits[2])  # 正向索引：第三个元素 -> 橙子
print(fruits[-1]) # 负向索引：最后一个元素 -> 草莓
print(fruits[-3]) # 负向索引：倒数第三个元素 -> 橙子
```

2. 分片访问

用户列表访问有两种方式，除了索引访问就是分片方式访问，分片访问语法格式如下所示。

```
slice[start:end:step]
```

具体代码如下所示。

```
# 分片访问
print("\n=== 分片访问 ===")
print(fruits[1:4])   # 从索引 1 到 3( 不包含 4 ) -> ['香蕉', '橙子', '葡萄']
print(fruits[:3])   # 从开头到索引 2 -> ['苹果', '香蕉', '橙子']
print(fruits[2:])   # 从索引 2 到结尾 -> ['橙子', '葡萄', '草莓']
print(fruits[::2])   # 步长为 2,取所有元素 -> ['苹果', '橙子', '草莓']
print(fruits[::-1])  # 步长为-1,反转列表 -> ['草莓', '葡萄', '橙子', '香蕉', '苹果']
```

为了更有效地逐一输出列表元素,可以使用 while 和 for 循环语句来遍历列表。具体代码如下所示。

```
# 列表遍历
print("\n=== 列表遍历 ===")
# for 循环遍历
print("for 循环遍历:")
for fruit in fruits:
    print(fruit, end=" ")
# while 循环遍历
print("\n\nwhile 循环遍历:")
i = 0
while i < len(fruits):
    print(fruits[i], end=" ")
    i += 1
```

三、列表的基本操作

在程序开发过程中,经常需要对 Python 列表进行更新,包括向列表中添加元素、修改元素以及删除元素。

1. 添加列表元素

列表可以使用以下方法来添加元素。

1)append() 方法

append() 方法用于在列表的末尾追加元素,语法格式如下所示。

```
five.append(obj)
```

其中, five 表示要添加元素的列表; obj 表示添加到列表末尾的数据,它可以是单个元素,也可以是列表、元组等。当使用 append() 方法传递列表或者元组时,此方法会将它们视为一个整体,作为一个元素添加到列表中,从而形成包含列表和元组的新列表。

2)extend() 方法

extend() 不会把列表或者元组视为一个整体,而是把它们包含的元素逐个添加到列表中。extend() 方法的语法格式如下所示。

```
five.extend(obj)
```

其中，five 指的是要添加元素的列表；obj 表示要添加到列表末尾的数据，它可以是单个元素，也可以是列表、元组等，但不能是单个的数字。

3）insert() 方法

使用 insert() 方法可以在列表中间某个位置插入元素，而 append() 和 extend() 方法只能在列表末尾插入元素。insert() 方法语法格式如下所示。

```
five.insert(index , obj)
```

其中，index 表示指定位置的索引值。insert() 将 obj 插入到 five 列表第 index 个元素的位置。当插入列表或者元组时，insert() 也会将它们视为一个整体，作为一个元素插入到列表中，与 append() 是一样的。

insert() 主要用来在列表的中间位置插入元素，如果只希望在列表的末尾追加元素，建议使用 append() 和 extend()方法。

具体代码如下所示。

```
# 初始列表
fruits = ["苹果", "香蕉"]
# 添加列表元素
print("=== 添加元素 ===")
# append()：在末尾添加元素（整体添加）
fruits.append("橙子")
fruits.append(["葡萄", "草莓"]) # 列表作为一个元素添加
print("append 后:", fruits)  # ['苹果', '香蕉', '橙子', ['葡萄', '草莓']]
# extend()：在末尾添加元素（逐个添加）
fruits = ["苹果", "香蕉"] # 重置列表
fruits.extend(["橙子", "葡萄"])
print("extend 后:", fruits) # ['苹果', '香蕉', '橙子', '葡萄']
# insert()：在指定位置插入元素
fruits.insert(1, "芒果") # 在索引 1 位置插入
print("insert 后:", fruits) # ['苹果', '芒果', '香蕉', '橙子', '葡萄']
```

2. 修改列表元素

将列表中的元素排序的方法如下。

1）reverse()方法

该方法用于将列表中的元素反向存放，其语法格式如下所示。

```
list. reverse()
```

其中，list 表示列表，该方法没有参数，没有返回值。

2)sort()方法

该方法用于将列表中的元素进行排序(默认为升序排列),其语法格式如下所示。

```
list.sort( [key=none][,reverse=false] )
```

其中，list 表示列表，key 为可选参数(如果指定了该参数,会按该参数方法进行排序),reverse 为可选参数(表示是否降序排列,缺省时为 false)。

3)sorted()方法

该方法返回新列表,并不多原列表进行任何修改,其语法格式如下所示。

```
sorted(iterable[,key=none][,reverse=false])
```

其中,iterable 表示可迭代对象,如列表;其他参数用法和 sort()方法中的相同。

具体代码如下所示。

```
# 修改列表元素
print("\n=== 修改元素 ===")
nums = [3, 1, 4, 2]
# reverse():反转列表
nums.reverse()
print("reverse 后:", nums) # [2, 4, 1, 3]
# sort():排序( 原地修改 )
nums.sort() # 升序
print("sort 升序后:", nums) # [1, 2, 3, 4]
nums.sort(reverse=True) # 降序
print("sort 降序后:", nums) # [4, 3, 2, 1]
# sorted():排序( 返回新列表 )
original = [3, 1, 4, 2]
sorted_nums = sorted(original)
print("原列表:", original) # [3, 1, 4, 2]( 不变 )
print("sorted 结果:", sorted_nums) # [1, 2, 3, 4]
```

3. 删除列表元素

在列表中删除元素的方法如下。

1)del 命令

对于已经创建的列表,如果不再使用,可以使用 del 命令将其删除。实际程序开发中并不经常使用 del 来删除列表,因为 Python 自带的垃圾回收机制会自动销毁无用的列表,即使开发者不手动删除,Python 也会自动将其回收。del 命令的语法格式如下所示。

```
del four
```

其中，four 表示要删除列表的名称；del 为关键字,用于删除列表的操作。

2）pop()方法

用户根据索引删除列表中的元素，并返回该元素的值，其语法格式如下所示。

```
list.pop([index])
```

其中，list 表示列表；index 表示删除列表元素的索引值，为可选参数，缺省时为-1，删除列表中的最后一个元素。

3）remove()方法

该方法用于删除列表中某个值的第一个匹配项，其语法格式如下所示。

```
list. remove ([obj])
```

其中，list 表示列表；obj 表示列表中要删除的对象。

具体代码如下所示。

```
# 删除列表元素
print("\n=== 删除元素 ===")
colors = ["红", "绿", "蓝", "黄", "绿"]
# del：删除指定索引元素
del colors[0]
print("del 后:", colors)  # ['绿', '蓝', '黄', '绿']
# pop()：删除并返回指定索引元素（默认最后一个）
popped = colors.pop(1)
print("pop 元素:", popped)  # 蓝
print("pop 后:", colors)  # ['绿', '黄', '绿']
# remove()：删除第一个匹配项
colors.remove("绿")
print("remove 后:", colors)  # ['黄', '绿']
```

任务四　学习元组

【任务描述】

在 Python 中元组（tuple）是另一个重要的序列结构。与列表类似，元组是由一系列按特定顺序排序的元素组成的。但是列表的元素是可以更改的，包括修改元素值、删除和插入元素，是可变序列。而元组一旦被创建，它的元素就不可更改了，所以元组是不可变序列，通常情况下，元组用于保存无须修改的内容。

【知识链接】

一、元组的创建

元组的所有元素都放在一对小括号（ ）中，相邻元素之间用逗号“ ,”分隔。在 Python 中提供了两种创建元组的方法。

1.( )直接创建

通过（ ）创建元组后，使用“=”将它赋值给某个变量，语法格式如下所示。

```
tupleone = (element 1, element 2, ..., element n)
```

其中，tupleone 表示变量名，element 1 ~ element n 表示元组的元素。 在 Python 中，元组通常使用一对小括号将所有元素包围起来，但小括号不是必需的，只要将各元素用逗号隔开，Python 就会将其视为元组。具体代码如下所示。

```
#使用()直接创建元组
# 包含多个元素的元组
tuple1 = (10, 20, 30, 40)
print("多个元素的元组:", tuple1, type(tuple1))
# 省略小括号的元组
tuple2 = "苹果", "香蕉", "橙子"
print("省略括号的元组:", tuple2, type(tuple2))
# 单个元素的元组(必须加逗号)
tuple3 = ("hello",) # 注意逗号不能少
tuple4 = "world"    # 没有逗号，会被视为字符串
print("单个元素的元组:", tuple3, type(tuple3))
print("易混淆的字符串:", tuple4, type(tuple4))
```

需要注意的是，当创建的元组中只有一个字符串类型的元素时，该元素后面必须要加一个逗号，否则 Python 解释器会视其为字符串。

2.tuple() 函数创建元组

Python 有内置的函数 tuple()，可以将其他数据类型转换为元组类型。tuple() 函数的语法格式如下所示。

```
tuple(data)
```

其中，data 表示可以转化为元组的数据，包括字符串、元组、range 对象或其他可迭代对象。具体代码如下所示。

```
# 使用 tuple()函数创建元组
# 将字符串转换为元组
str_data = "Python"
```

```
tuple5 = tuple(str_data)
print("\n 字符串转元组:", tuple5) # 每个字符作为元素
# 将列表转换为元组
list_data = [1, 2, 3, 4]
tuple6 = tuple(list_data)
print("列表转元组:", tuple6)
# 将 range 对象转换为元组
range_data = range(5, 10)
tuple7 = tuple(range_data)
print("range 转元组:", tuple7)
```

二、元组的访问

与列表类似，可以使用索引访问元组中的某个元素，会得到一个元素的值；也可以使用切片访问元组中的一组元素，可得到一个新的子元组。

1. 使用索引访问元组元素

使用索引访问元组元素的语法格式如下所示。

```
tuplename[i]
```

其中，tuplename 表示元组名字，*i* 表示索引值。元组的索引可以是正数，也可以是负数。

2. 使用切片访问元组元素

使用切片访问元组元素，语法格式如下所示。

```
tuplename[start : end : step]
```

其中，tuplename 表示元组名字，start 表示起始索引，end 表示结束索引，step（步长）表示在切片过程中，隔几个存储位置（包含当前位置）取一次元素，默认步长为 1 时，可以省略。

具体代码如下所示。

```
# 定义一个示例元组
fruits = ("苹果", "香蕉", "橙子", "葡萄", "草莓")
# 索引访问元组元素
print("=== 索引访问 ===")
print(fruits[0])  # 正向索引：第一个元素 -> 苹果
print(fruits[2])  # 正向索引：第三个元素 -> 橙子
print(fruits[-1]) # 负向索引：最后一个元素 -> 草莓
print(fruits[-3]) # 负向索引：倒数第三个个元素 -> 橙子
# 切片访问元组元素
print("\n=== 切片访问 ===")
print(fruits[1:4])  # 从索引 1 到 3（不包含 4）-> ('香蕉', '橙子', '葡萄')
print(fruits[:3])   # 从开头到索引 2 -> ('苹果', '香蕉', '橙子')
```

```
print(fruits[2:])    # 从索引 2 到结尾 -> ('橙子', '葡萄', '草莓')
print(fruits[::2])   # 步长为 2,取所有元素 -> ('苹果', '橙子', '草莓')
print(fruits[::-1])  # 步长为-1,反转元组 -> ('草莓', '葡萄', '橙子', '香蕉', '苹果')
```

三、元组的基本操作

1. 修改元组

由上述内容可知,元组是不可变序列,元组中的元素不能被修改,所以只能创建一个新的元组去替代旧的元组,如对元组变量进行重新赋值。

除以上方式外,还可以通过连接多个元组(用“+”)的方式向元组中添加新元素。

2. 删除元组

如果创建的元组不再使用时,可以通过 del 关键字将其删除。在 Python 中有垃圾回收功能,会自动销毁不用的元组,一般不需要通过 del 手动删除,具体用法见列表的删除。

具体代码如下所示。

```
# 定义初始元组
t1 = (10, 20, 30)
# 修改元组(通过创建新元组实现)
print("=== 修改元组 ===")
# 方式 1:重新赋值
t1 = (100, 200, 300)
print("重新赋值后:", t1) # 输出: (100, 200, 300)

#元组连接(+)
t2 = (1, 2, 3)
t3 = (4, 5, 6)
t4 = t2 + t3 # 连接两个元组
print("连接后的元组:", t4) # 输出: (1, 2, 3, 4, 5, 6)
# 注意:元组元素不能直接修改(以下代码会报错)
# t2[0] = 100 # 尝试修改元组元素,会触发 TypeError

# 删除元组
print("\n=== 删除元组 ===")
t5 = ("a", "b", "c")
print("删除前:", t5) # 输出: ('a', 'b', 'c')
del t5 # 删除元组
# print(t5) # 尝试访问已删除的元组,会触发 NameError
print("元组已删除")
```

任务五 学习字典

【任务描述】

Python 中，字典（dict）是一种无序的、可变的序列，它的元素以键值对的形式存储，它是 Python 中唯一的映射类型。而列表和元组都是有序的序列，它们的元素在底层是挨着存放的。

【知识链接】

一、字典的创建

Python 字典通过键来读取元素，是任意数据类型的无序集合并且可变，可以任意嵌套，但是字典中的键必须唯一且不可变，Python 中字典的类型就相当于 Java 中的 Map 对象。可以通过以下几方式来创建字典。

1.{}直接创建

由于字典中每个元素都包含键（key）和值（value），因此在创建字典时，键和值之间使用冒号"："分隔，相邻元素之间使用逗号"，"分隔，使用"{ }"创建字典的语法格式如下所示。

```
testname = {'key':'value1', 'key2':'value2', ..., 'keyn':valuen}
```

其中，testname 表示字典变量名，'keyn'：valuen 表示各个元素的键值对。需要注意的是，同一字典中的各个键必须唯一，不能重复。

字典的键可以是整数、字符串或者元组，只要符合唯一和不可变的特性即可；字典的值可以是 Python 支持的任意数据类型。

2.fromkeys()方法创建

在 Python 中，可以使用字典提供的 fromkeys() 方法创建带有默认值的字典，具体语法格式如下。

```
dictname = dict.fromkeys(list, value=None)
```

其中，dictname 表示字典变量名；list 参数表示字典中所有键的列表（list）；value 参数表示默认值，如果不写，则为空值 None。

3.dict()映射函数创建

映射函数创建字典的写法有多种，常用方式见表 4-12。

表 4-12 dict() 映射函数创建字典的常用写法

格式	说明
a = dict(str1=value1, str2=value2, str3=value3)	str 表示字符串类型的键，value 表示键对应的值，使用此方式创建字典时，字符串不能带引号

# 方式 1 	
demo = [('two',2), ('one',1), ('three',3)]
# 方式 2 	
demo = [['two',2], ['one',1], ['three',3]]
# 方式 3 	
demo = (('two',2), ('one',1), ('three',3))
# 方式 4 	
demo = (['two',2], ['one',1], ['three',3])
a = dict(demo)
	向 dict() 函数传入列表或元组，而它们中的元素又各自是包含两个元素的列表或元组，其中第一个元素作为键，第二个元素作为值

keys = ['one', 'two', 'three'] # 还可以是字符串或元组
values = [1, 2, 3] # 还可以是字符串或元组
a = dict(zip(keys, values))
	通过应用 dict()函数和 zip()函数，可将前两个列表转换为对应的字典

具体代码如下所示。

```
# 使用{}直接创建字典
# 基本键值对形式
person = {'name': '张三', 'age': 25, 'gender': '男'}
print("直接创建的字典:", person)
# 键可以是整数、元组(不可变类型)
mixed_dict = {1: '数字', (2, 3): '元组作为键', 'str': '字符串'}
print("包含多种键的字典:", mixed_dict)

# 使用 fromkeys()方法创建(带有默认值)
# 创建有默认值的字典
keys = ['a', 'b', 'c']
dict1 = dict.fromkeys(keys, 0)  # 默认值为 0
print("\nfromkeys 创建(带默认值):", dict1)  # {'a': 0, 'b': 0, 'c': 0}
# 不指定默认值(默认为 None)
dict2 = dict.fromkeys(['x', 'y'])
print("fromkeys 创建(默认 None):", dict2)  # {'x': None, 'y': None}


# 使用 dict()映射函数创建
# 通过键值对参数创建
student = dict(name='李四', age=20, major='计算机')
print("\ndict()通过参数创建:", student)
# 通过包含键值对的可迭代对象创建
tuple_list = [('city', '北京'), ('weather', '晴朗')]
dict3 = dict(tuple_list)
```

```
print("dict()通过可迭代对象创建:", dict3)  # {'city': '北京', 'weather': '晴朗'}
```

无论采用哪种方式创建字典，字典中各元素的键只能是字符串、元组或数字，不能是列表。列表是可变的，不能作为键。如果不给 dict() 函数传入任何参数，代表创建一个空的字典。

二、字典的访问

1. 根据键访问值

字典中的元素是无序的，每个元素的位置也都不固定，所以在字典中通过键来访问对应的值，无法像列表和元组那样，采用切片的方式一次性访问多个元素。访问字典元素的语法格式如下所示。

```
dictname[key]
```

其中，dictname 表示字典名，key 表示要查找的键名。注意，键必须是存在的，否则会抛出异常。

2. 使用 get()方法访问值

Python 中还可使用 dict 类型提供的 get() 方法来获取指定键对应的值。当指定的键不存在时，get() 方法不会抛出异常。语法格式如下所示。

```
dictname.get(key[,default])
```

其中，dictname 表示字典变量的名字，key 表示要查找的键，default 表示默认值（如果指定要查询的键值不存在时，返回默认值；如果不指定，则返回 None）。

具体代码如下所示。

```
# 定义一个示例字典
person = {'name': '张三', 'age': 25, 'gender': '男', 'city': '北京'}

# 根据键访问值
print("=== 根据键访问值 ===")
print(person['name'])  # 通过键'name'获取值：张三
print(person['age'])  # 通过键'age'获取值：25
# 注意：访问不存在的键会报错（以下代码注释掉避免运行错误）
# print(person['height'])  # 键'height'不存在，会抛出 KeyError

# 使用 get()方法访问值
print("\n=== 使用 get()方法访问值 ===")
print(person.get('gender'))      # 获取存在的键的值：男
print(person.get('phone'))       # 获取不存在的键，返回默认 None
print(person.get('phone', '未知'))  # 为不存在的键指定默认返回值：未知
print(person.get('city', '未知'))  # 键存在时，仍返回实际值：北京
```

三、字典的基本操作

字典属于可变序列,可以任意操作字典中的键值对。在 Python 中,常见的字典操作包括添加新的键值对、修改键值对、删除指定的键值对、判断字典中是否存在指定的键值对。

1. 添加和修改

在 Python 中为字典添加新的键值对时,直接给不存在的 key 赋值即可,其语法格式如下所示。

```
dictname[key] = value
```

其中, dictname 表示字典名称, key 表示新的键, value 表示新的值(必须是 Python 支持的数据类型)。

字典中各元素的键必须是唯一的,所以不能被修改。如果新添加元素的键与已存在元素的键相同,那么键所对应的值就会被新的值替换掉,以此达到修改元素值的目的。

2. 删除

(1)del 命令

在 Python 中可以使用 del 关键字删除字典,与删除列表、元组一样。其语法格式如下所示。

```
del test
```

Python 自带垃圾回收功能,会自动销毁不用的字典,所以一般不需要通过 del 手动删除。

(2)clear()方法

该方法用于删除字典中的所有元素。

(3)pop()方法

该方法用于删除指定的键值对,并返回该键的值。

(4)popitem()方法

该方法用于随机删除并返回一个键值对。

想要判断字典中是否存在指定的键值对,首先应判断字典中是否有对应的键。可以使用 in(或 not in)运算符进行判断。通过 in(或 not in)运算符,可以很轻易地判断出现有字典中是否包含某个键,通过键又可以获取对应的值,所以能判断出字典中是否有指定的键值对。

具体代码如下所示。

```
# 定义初始字典
person = {'name': '张三', 'age': 25, 'city': '北京'}

# 添加和修改元素
print("=== 添加和修改元素 ===")
# 添加新键值对
person['gender'] = '男'
```

```
print("添加后:", person)  # {'name': '张三', 'age': 25, 'city': '北京', 'gender': '男'}
# 修改已有键的值
person['age'] = 26
print("修改后:", person)  # {'name': '张三', 'age': 26, 'city': '北京', 'gender': '男'}


#删除元素
print("\n=== 删除元素 ===")
#  del 命令删除指定键值对
del person['city']
print("del 删除后:", person)  # {'name': '张三', 'age': 26, 'gender': '男'}
# clear()方法清空字典
temp = {'a': 1, 'b': 2}
temp.clear()
print("clear 清空后:", temp)  # {}

#  pop()方法删除指定键并返回值
age = person.pop('age')
print("pop 删除的 age 值:", age)  # 26
print("pop 删除后:", person)    # {'name': '张三', 'gender': '男'}

#  popitem()方法随机删除并返回键值对
item = person.popitem()
print("popitem 删除的项:", item)  # 可能是('gender', '男')或('name', '张三')
print("popitem 删除后:", person)  # 剩余的键值对


# 判断键是否存在
print("\n=== 判断键是否存在 ===")
person = {'name': '张三', 'age': 25}  # 重置字典
print('name' in person)      # True（存在）
print('gender' not in person)  # True（不存在）

# 通过判断键存在性安全访问值
key = 'city'
if key in person:
    print(person[key])
else:
    print(f"键'{key}'不存在")  # 输出：键'city'不存在
```

任务六　学习集合

【任务描述】

Python 中的集合用来保存不重复的元素，与数学中的集合概念一样，元素都是唯一的。同一集合中，只能存储不可变的数据类型，包括整数、浮点数、字符串、元组，无法存储列表、字典、集合这些可变的数据类型，否则 Python 解释器会抛出 TypeError 错误。集合在形式上和 字典类似，将所有元素放在一对大括号“ {}”中，相邻元素之间用“,”分隔。

【知识链接】

一、集合的创建

Python 中有两种集合类型，一种是 set 类型的集合，一种是 frozenset 类型的集合。set 类型集合可以进行添加、删除元素的操作，而 forzenset 类型集合不可以。

本节主要介绍 set 类型集合， Python 提供了两种创建 set 集合的方法，分别是使用“{}”创建和使用 set() 函数将列表、元组等类型数据转换为集合。

1. 使用“{}”创建

使用“{}”创建集合可以像列表、元素和字典一样，直接将集合赋值给变量，从而实 现创建集合的目的，语法格式如下所示。

```
name = {element 1,element 2,...,element n}
```

2. 使用 set() 函数创建集合

set() 函数为 Python 的内置函数，可以将字符串、列表、元组、 range 对象等转换成集合。其语法格式如下所示。

```
name = set(iteration)
```

其中，iteration 表示字符串、列表、元组、range 对象等。

具体代码如下所示。

```
# 使用{}创建集合
# 直接定义包含多个元素的集合
fruits = {"苹果", "香蕉", "橙子", "苹果"}
print("用{}创建的集合:", fruits) # 输出: {'苹果', '香蕉', '橙子'}( 顺序可能不同 )
# 创建空集合( 注意:不能用{}, {}表示空字典 )
empty_set = set()
print("空集合:", empty_set, type(empty_set)) # 输出: set() <class 'set'>
```

```
# 使用 set()函数创建集合
# 将列表转换为集合
list_data = [1, 2, 3, 3, 4]
set_from_list = set(list_data)
print("列表转换的集合:", set_from_list) # 输出: {1, 2, 3, 4}
# 将字符串转换为集合（每个字符作为元素，自动去重）
str_data = "hello"
set_from_str = set(str_data)
print("字符串转换的集合:", set_from_str) # 输出: {'h', 'e', 'l', 'o'}
# 将元组转换为集合
tuple_data = (5, 6, 7, 7, 8)
set_from_tuple = set(tuple_data)
print("元组转换的集合:", set_from_tuple) # 输出: {5, 6, 7, 8}
```

二、集合的访问

集合当中的元素是无序的，因此无法像列表那样使用下标访问元素。在 Python 中，访问集合元素最常用的方法是使用循环结构，将集合中的数据逐一读取出来。具体代码如下所示。

```
# 定义一个示例集合
fruits = {"苹果", "香蕉", "橙子", "葡萄"}
# 由于集合无序，无法通过索引访问，需使用循环遍历
print("集合中的元素：")
for fruit in fruits:
  print(fruit) # 依次输出集合中的每个元素（顺序不固定）
# 检查元素是否存在于集合中（成员判断）
print("\n'香蕉'是否在集合中：", "香蕉" in fruits) # 输出：True
print("'西瓜'是否在集合中：", "西瓜" not in fruits) # 输出：True
```

三、集合的基本操作

在 Python 中 set 集合最常用的操作是向集合中添加、删除元素，以及集合之间进行交集、并集、差集等运算。

1. 集合的常用方法

在对 set 集合进行操作之前先了解一下 set 集合中所提供的一些方法。通过 dir（set）命令即可查看具体的方法。集合的常用方法见表 4-13。

表 4-13 集合的常用方法

方法	格式示例	说明
add()	set1.add()	向集合中添加数字、字符串、元组或者布尔类型
clear()	set1.clear()	清空集合中所有元素
copy()	set2 = set1.copy()	拷贝 set1 集合给 set2
discard()	set1.discard(elem)	删除 set1 中的 elem 元素
difference()	set3 = set1.difference(set2)	将 set1 中有而 set2 没有的元素给 set3
difference_update()	set1.difference_update(set2)	从 set1 中删除与 set2 相同的元素
remove()	set1.remove(elem)	删除 set1 中的 elem 元素

在 Python 中,还有另外一种方法 discard(),与 remove() 方法的用法完全相同,主要区别是当删除集合中元素失败时,此方法不会抛出任何错误。

2. 集合的运算

在集合中经常要进行交集、并集、差集以及对称差集运算。集合的运算见表 4-14。

表 4-14 集合的运算

操作	运算符	说明
交集	&	表示两个集合公共的部分
并集	|	合并两个集合
差集	-	取一个集合中另一集合没有的元素
对称差集	^	取两集合中非公共的元素

3.frozenset 集合

与 set 集合不同,frozenset 集合是不可变序列,程序不能改变序列中的元素。比如 set 集合中的 remove()、add() 等, frozenset 都不支持, set 集合中不改变集合本身的方法, frozenset 都支持。当集合的元素不需要改变或者程序要求必须是不可变对象时,可以使用 fronzenset 替代 set,这样更安全。例如字典的键(key)就要求是不可变对象。

set 集合本身的元素必须是不可变的,所以 set 的元素不能是 set,只能是 frozenset。上述代码 set 中添加 frozenset 是没问题的,因为 frozenset 是不可变的;后边尝试 向 set 集合中添加子 set,这是不允许的,因为 set 是可变的。具体代码如下所示。

```
# 创建 frozenset 集合
fs = frozenset(["苹果", "香蕉", "橙子"])
s = {"葡萄", "西瓜"}
print("frozenset 集合:", fs)
print("普通 set 集合:", s)

# 验证 frozenset 的不可变性( 不支持添加/删除元素 )
```

```
print("\n=== 不可变性测试 ===")
# s.add("草莓") # 普通 set 可以添加元素
# fs.add("草莓") # 报错：'frozenset' object has no attribute 'add'
# s.remove("葡萄") # 普通 set 可以删除元素
# fs.remove("苹果") # 报错：'frozenset' object has no attribute 'remove'

# 支持不改变集合的操作
print("\n=== 支持的操作 ===")
print("'香蕉'是否在 frozenset 中:", "香蕉" in fs) # 成员判断
print("集合长度:", len(fs)) # 获取长度

# 作为 set 集合的元素（set 只能包含不可变元素）
print("\n=== 作为 set 元素 ===")
# 正确：frozenset 是不可变的，可以作为 set 元素
set_with_frozen = {fs, "其他元素"}
print("包含 frozenset 的 set:", set_with_frozen)
# 错误：普通 set 是可变的，不能作为 set 元素
# nested_set = {s, "元素"} # 报错：unhashable type: 'set'

# 作为字典的键（要求不可变）
print("\n=== 作为字典键 ===")
# 正确：frozenset 可以作为字典键
dict_with_frozen = {fs: "这是 frozenset 作为键的值"}
print("以 frozenset 为键的字典:", dict_with_frozen)
# 错误：普通 set 不能作为字典键
# dict_with_set = {s: "值"} # 报错：unhashable type: 'set'
```

【项目拓展】

以下是一个基于数据容器实际应用的 Python 程序，模拟一个图书馆管理系统。该系统使用不同的数据容器（列表、字典、集合）来管理图书、借阅记录和用户信息，展示了如何在实际项目中根据需求选择合适的数据结构。读者可自行了解与体会。

```
import datetime

class LibrarySystem:
    """图书馆管理系统"""

    def __init__(self):
        # 使用列表存储所有图书（有序、可重复）
        self.books = []

        # 使用字典存储用户信息（键为用户 ID，值为用户信息）
```

```
        self.users = {}

        # 使用集合存储所有 ISBN(唯一、无序)
        self.isbn_set = set()

        # 使用列表存储借阅记录(有序、可重复)
        self.borrow_records = []

    def add_book(self, isbn: str, title: str, author: str, category: str, copies: int = 1):
        """添加图书到图书馆"""
        if isbn in self.isbn_set:
            # 如果 ISBN 已存在,增加副本数量
            for book in self.books:
                if book["isbn"] == isbn:
                    book["copies"] += copies
                    print(f"已为《{title}》增加 {copies} 本副本,当前共有 {book['copies']} 本")
                    return
        else:
            # 新增图书
            book = {
                "isbn": isbn,
                "title": title,
                "author": author,
                "category": category,
                "copies": copies,
                "available": copies
            }
            self.books.append(book)
            self.isbn_set.add(isbn)
            print(f"成功添加图书《{title}》,ISBN: {isbn},共 {copies} 本")

    def register_user(self, user_id: str, name: str, age: int, contact: str):
        """注册新用户"""
        if user_id in self.users:
            print(f"用户 ID {user_id} 已存在! ")
            return

        user = {
            "user_id": user_id,
            "name": name,
            "age": age,
            "contact": contact,
            "borrowed_books": []
        }
```

```
        self.users[user_id] = user
        print(f"用户 {name} (ID: {user_id}) 注册成功！")

    def borrow_book(self, user_id: str, isbn: str):
        """借阅图书"""
        if user_id not in self.users:
            print(f"用户 ID {user_id} 不存在！")
            return

        # 查找图书
        book = next((b for b in self.books if b["isbn"] == isbn), None)
        if not book:
            print(f"图书 ISBN {isbn} 不存在！")
            return

        if book["available"] <= 0:
            print(f"《{book['title']}》已全部借出，暂无可用副本！")
            return

        # 检查用户是否已借阅此书
        user = self.users[user_id]
        if any(record["isbn"] == isbn and record["return_date"] is None for record in user["borrowed_
books"]):
            print(f"用户 {user['name']} 已借阅《{book['title']}》！")
            return

        # 更新图书状态
        book["available"] -= 1

        # 创建借阅记录
        borrow_date = datetime.date.today()
        due_date = borrow_date + datetime.timedelta(days=14)

        record = {
            "user_id": user_id,
            "isbn": isbn,
            "borrow_date": borrow_date,
            "due_date": due_date,
            "return_date": None
        }

        self.borrow_records.append(record)
        user["borrowed_books"].append(record)
```

```
        print(f"用户 {user['name']} 成功借阅《{book['title']}》! ")
        print(f"应归还日期: {due_date}")

    def return_book(self, user_id: str, isbn: str):
        """归还图书"""
        if user_id not in self.users:
            print(f"用户 ID {user_id} 不存在! ")
            return

        # 查找图书
        book = next((b for b in self.books if b["isbn"] == isbn), None)
        if not book:
            print(f"图书 ISBN {isbn} 不存在! ")
            return

        # 查找未归还的借阅记录
        user = self.users[user_id]
        active_record = next((record for record in user["borrowed_books"]
                              if record["isbn"] == isbn and record["return_date"] is None), None)

        if not active_record:
            print(f"用户 {user['name']} 未借阅《{book['title']}》或已归还! ")
            return

        # 更新记录
        return_date = datetime.date.today()
        active_record["return_date"] = return_date

        # 更新图书状态
        book["available"] += 1

        # 检查是否逾期
        if return_date > active_record["due_date"]:
            days_overdue = (return_date - active_record["due_date"]).days
            print(f"《{book['title']}》已逾期 {days_overdue} 天! ")

        print(f"用户 {user['name']} 成功归还《{book['title']}》! ")

    def search_books(self, keyword: str, by: str = "title"):
        """搜索图书"""
        results = []

        if by == "title":
            results = [book for book in self.books if keyword.lower() in book["title"].lower()]
```

```
        elif by == "author":
            results = [book for book in self.books if keyword.lower() in book["author"].lower()]
        elif by == "isbn":
            results = [book for book in self.books if keyword == book["isbn"]]
        elif by == "category":
            results = [book for book in self.books if keyword.lower() in book["category"].lower()]
        else:
            print(f"不支持的搜索类型: {by}")
            return

        if not results:
            print(f"未找到相关图书( 按{by}: {keyword} )")
            return

        print(f"找到 {len(results)} 本相关图书:")
        for i, book in enumerate(results, 1):
            print(f"{i}. {book['title']} - {book['author']}")
            print(f"   ISBN: {book['isbn']}, 分类: {book['category']}")
            print(f"   总数量: {book['copies']}, 可用: {book['available']}")

    def display_overdue_books(self):
        """显示所有逾期未还的图书"""
        today = datetime.date.today()
        overdue_records = [
            record for record in self.borrow_records
            if record["return_date"] is None and today > record["due_date"]
        ]

        if not overdue_records:
            print("没有逾期未还的图书！ ")
            return

        print(f"共有 {len(overdue_records)} 本逾期未还的图书:")
        for i, record in enumerate(overdue_records, 1):
            book = next(b for b in self.books if b["isbn"] == record["isbn"])
            user = self.users[record["user_id"]]
            days_overdue = (today - record["due_date"]).days

            print(f"{i}.《{book['title']}》")
            print(f"   借阅人: {user['name']} (ID: {user['user_id']})")
            print(f"   应归还日期: {record['due_date']}, 已逾期 {days_overdue} 天")

    def display_statistics(self):
        """显示图书馆统计信息"""
```

```
        total_books = sum(book["copies"] for book in self.books)
        available_books = sum(book["available"] for book in self.books)
        borrowed_books = total_books - available_books
        total_users = len(self.users)

        print("\n===== 图书馆统计信息 =====")
        print(f"总藏书量: {total_books} 本")
        print(f"可用图书: {available_books} 本")
        print(f"已借出图书: {borrowed_books} 本")
        print(f"注册用户: {total_users} 人")

        # 最受欢迎的类别
        if self.books:
            category_counts = {}
            for book in self.books:
                category_counts[book["category"]] = category_counts.get(book["category"], 0) + book["-
copies"]

            popular_category = max(category_counts, key=category_counts.get)
            print(f"最受欢迎类别: {popular_category} ({category_counts[popular_category]} 本)")

def run_library_application():
    """运行图书馆应用程序"""
    library = LibrarySystem()

    print("欢迎使用图书馆管理系统")
    print("=" * 50)

    while True:
        print("\n 请选择操作:")
        print("1. 添加图书")
        print("2. 注册用户")
        print("3. 借阅图书")
        print("4. 归还图书")
        print("5. 搜索图书")
        print("6. 查看逾期图书")
        print("7. 查看图书馆统计信息")
        print("0. 退出系统")

        choice = input("请输入选项 (0-7): ").strip()

        try:
            if choice == '0':
                print("感谢使用图书馆系统，再见！")
```

```
                break
            elif choice == '1':
                isbn = input("请输入 ISBN: ").strip()
                title = input("请输入书名: ").strip()
                author = input("请输入作者: ").strip()
                category = input("请输入分类: ").strip()
                copies = int(input("请输入数量: ").strip())
                library.add_book(isbn, title, author, category, copies)
            elif choice == '2':
                user_id = input("请输入用户 ID: ").strip()
                name = input("请输入姓名: ").strip()
                age = int(input("请输入年龄: ").strip())
                contact = input("请输入联系方式: ").strip()
                library.register_user(user_id, name, age, contact)
            elif choice == '3':
                user_id = input("请输入用户 ID: ").strip()
                isbn = input("请输入图书 ISBN: ").strip()
                library.borrow_book(user_id, isbn)
            elif choice == '4':
                user_id = input("请输入用户 ID: ").strip()
                isbn = input("请输入图书 ISBN: ").strip()
                library.return_book(user_id, isbn)
            elif choice == '5':
                keyword = input("请输入搜索关键词: ").strip()
                by = input("请选择搜索类型 (title/author/isbn/category): ").strip().lower()
                library.search_books(keyword, by)
            elif choice == '6':
                library.display_overdue_books()
            elif choice == '7':
                library.display_statistics()
            else:
                print("无效选项，请重新输入。")
        except Exception as e:
            print(f"操作出错: {e}")

if __name__ == "__main__":
    # 确保中文显示正常
    import io
    import sys
    sys.stdout = io.TextIOWrapper(sys.stdout.buffer, encoding='utf-8')

    run_library_application()
```

项目总结

本项目主要介绍了 Python 中的字符串、列表、字典、元组和集合。通过本项目的学习，读者应重点掌握以下内容。

（1）Python 中常用的序列有字符串、列表、元组等。所有序列都可以进行某些特定的操作，包括索引、分片、相加、相乘、计算序列长度、获取最大值和最小值、查找和计数等。

（2）字符串可以使用“%”符号和 format()方法进行格式化。

（3）字符串有查找、分割、连接、替换、移除首尾字符、大小写转换、检测等常用操作。

（4）列表（list）是包含零个或多个元素的有序序列。列表的长度和内容都是可变的，可自由对列表中的元素进行增加、删除或替换。

（5）字典（dict）由键值对组成，表示一种映射关系，每个键值对称为一个元素。其中“键”可以是 Python 中任意不可变数据类型，如数字、字符串、元组等，但不能是列表、集合、字典等可变数据类型。“值”可以是任意数据类型。

（6）元组（tuple）中的元素值不允许修改，但可以对元组进行连接组合。

（7）集合（set）不包含重复元素，因此可以使用集合对一维数据进行去重处理。

项目考核

一、选择题

（1）下列方法中，用于获取字符串长度的是（　　）。

A. lower()　　B. len()　　C. strip()　　D. center()

（2）字符串运算符中，用于指定重复输出字符的是（　　）。

A. *　　B. +　　C. []　　D. [:]

（3）用于格式化无符号八进制数的是（　　）。

A. %u　　B. %o　　C. %x　　D. %d

（4）正则表达式中，用于匹配一次或多次的是（　　）。

A. {n}　　B. ?　　C. *　　D. +

（5）下列函数中，用于查找符合匹配的全部内容的是（　　）。

A. match()　　B. search()　　C. findall()　　D. compile()

二、简答题

（1）简述正则表达式的功能。

（2）简述正则表达式运算符的优先级。

三、编程题

（1）《中国诗词大会》是弘扬中华优秀传统文化的节目，它以“赏中华诗词、寻文化基因、品生活之美”为宗旨，重温经典诗词，分享诗词之美，感受诗词的力量。请利用所学知识，编写一段“飞花令”“诗词接龙”。

提示：先设计题库，然后在规定时间内循环随机出题，判断输入答案是否正确，统计答题次数，如果答题时间到，退出循环，结束答题。

（2）模拟双色球号码生成器。双色球包括红球和蓝球，红球号码由 6 个互不重复的 1~33 的随机号码组成，蓝色球号码是 1 个 1~16 的随机号码。请利用所学知识编写 Python 程序。

提示：利用列表保持随机生成的号码。

项目五

化繁为简,高效复用——函数的应用

思政导读

在 Python 编程中,函数封装体现了“化繁为简,高效复用”的智慧。在实际项目开发中,将重复或相似的操作封装成函数,如同将零散的工具整合成高效的工具箱,避免重复劳动,大幅提升开发效率。这启示我们在学习与工作中,要善于总结规律、提炼方法,将重复性的任务流程化、标准化,以提升做事效能。而每个函数各司其职,专注完成特定功能,如同社会中的个体,虽分工不同,但都在各自岗位上发挥关键作用,共同推动项目顺利进行。我们要尊重不同岗位与角色的价值,树立正确的职业观与集体意识,明白只有分工协作、各展所长,才能汇聚成推动社会进步的强大合力。

同时,规范的函数设计需遵循严谨的逻辑与标准,就像在社会生活中要遵守道德与法律规范。编写函数时注重代码的可读性、可维护性,是对职业素养与工匠精神的践行。我们无论从事何种工作,都要秉持严谨认真、精益求精的态度,以高度的责任感对待每一个细节,通过持续提升专业能力,为国家建设与社会发展贡献自己的力量。

学习目标:

- 掌握函数的定义和调用方法,以及函数的返回值和参数的使用方法;
- 理解函数的嵌套和递归;
- 掌握局部变量和全局变量的区别和用法;
- 了解匿名函数;
- 掌握模块的导入和创建方法。

素养目标:

- 培养对类似事物进行归纳总结的能力;
- 提高分析问题、解决问题的能力;
- 学习自编程序的能力。

任务一　编写简易计算器程序

【任务描述】

现代电子计算器是能进行数学运算的手持电子机器，拥有集成电路芯片，但结构比电脑简单得多，可以说是第一代的电子计算机（电脑）且功能也较弱，但较为方便与廉价，可广泛运用于商业交易中，是必备的办公用品之一。计数器功能的实现主要是靠基础运算符的算法，每种运算都可以通过一个函数来实现。本任务将带领大家编写 Python 程序，实现计算器的功能。

【知识链接】

一、函数的定义

1. 函数的概念

函数是具有特定功能和可重复使用的代码段。函数能提高应用程序的模块化和代码的重复利用率。Python 提供了许多内建函数，比如 print()函数、input()函数和 int()函数等，以及标准库函数如 sqrt()函数等。用户可以自己创建的函数，称为用户自定义函数。

函数的使用给开发人员带来如下多种优势：降低了编程的难度，通常将一个复杂的大过程分解成 *n* 个小过程，然后将小过程划分成更小的过程，当过程细化为足够简单时，大过程就迎刃而解；代码复用，避免重复编写某段代码，从而提高了效率。

2. 函数的定义规则

在 Python 中，函数的定义非常简单，只需通过 Python 提供的 def 关键字即可，语法格式如下所示。

```
def 函数名 ( 参数列表 ):
    函数体
```

需要注意的是，定义一个有自己想要功能的函数，需要满足以下几个简单的定义规则。

①函数代码块以 def 关键字开头，后接函数标识符名称和圆括号（ ）。

② 任何传入参数和自变量必须放在圆括号中间，圆括号之间可以用于定义参数。

③函数的第一行语句可以选择性地使用文档字符串——用于存放函数说明。

④函数内容以冒号起始，并且缩进。

⑤ return [表达式] 结束函数，选择性地返回一个值给调用方。不带表达式的 return 相当于返回 None。

二、函数的调用

在函数定义完成后，通过函数名和参数列表对应的参数值列表即可调用该函数并运行函数内包含的代码，语法格式如下所示。

```
函数名 ( 参数值列表 )
```

具体代码如下所示。

```
# 定义几个示例函数
def greet():
  "无参数函数"
  return "Hello!"
def add(a, b):
  "有位置参数的函数"
  return a + b
def power(base, exponent=2):
  "带默认参数的函数"
return base ** exponent

# 函数调用示例
print("1. 无参数调用:", greet()) # 直接使用函数名()
print("2. 位置参数调用:", add(3, 5)) # 按顺序传入参数
print("3. 关键字参数调用:", add(b=4, a=6)) # 指定参数名传入
print("4. 使用默认参数:", power(3)) # 不传入默认参数,使用默认值 2
print("5. 覆盖默认参数:", power(2, 4)) # 传入新值覆盖默认参数
```

三、函数的返回值

根据函数参数的不同，可以将 Python 中的函数分为四个类别，分别是有参有返回值函数、有参无返回值函数、无参有返回值函数、无参无返回值函数，根据程序功能的定义可以抉择使用哪一类函数。

1. 有参返回值函数

此类函数不仅能接收参数，还可以返回某个数据，诸如数据处理并需要结果的应用，其语法格式如下所示。

```
def 函数名 ( 参数 1, 参数 2, 参数 3):
函数体
return  返回值
```

2. 有参无返回值函数

与有参返回值函数相比，有参无返回值函数能接收参数，但是在函数内部不存在能够返

回数据的代码，也就是没有 return 语句，语法格式如下所示。

```
def 函数名 ( 参数 1, 参数 2, 参数 3):
函数体
```

3. 无参有返回值函数

与有参返回值函数相比，无参有返回值函数不能接收参数，但是可以返回某个数据，也就是说，在调用该函数时，只需通过函数名( )即可，语法格式如下所示。

```
def 函数名 ():
函数体
return 返回值
```

4. 无参数无返回值函数

与有参返回值函数相比，无参数无返回值的函数既不能接收参数，也不包含能够返回数据的代码，主要用于实现具有特定功能而并不需要返回数据函数的定义，语法格式如下所示。

```
def 函数名 ():
函数体
```

具体代码如下所示。

```
# 有参有返回值函数
def add(a, b):
    """接收两个参数，返回它们的和"""
    return a + b
print("1. 有参有返回值:", add(3, 5))  # 输出：8

# 有参无返回值函数
def print_info(name, age):
    """接收参数并打印信息，无返回值"""
    print(f"2. 有参无返回值: 姓名：{name}，年龄：{age}")
print_info("张三", 25) # 直接执行函数，无返回值

# 无参有返回值函数
def get_current_time():
    """无参数，返回当前时间字符串"""
    import datetime
    return datetime.datetime.now().strftime("%H:%M:%S")
print("3. 无参有返回值:", get_current_time()) # 输出当前时间

# 无参无返回值函数
def welcome():
```

```
    """无参数,不返回值,仅打印提示信息"""
    print("4. 无参无返回值: 欢迎使用本系统! ")
welcome() # 直接执行函数,无返回值
```

四、函数的参数

1. 形参

形参就是表示在形式上的一个参数,可以将它理解为数学中的 x,没有实际意义的值,赋值后才有意义,相当于变量;而实参就是实际意义上的参数,是一个实际存在的参数,可以是字符、字符串或数字等。

在函数名中定义一个形参,然后在函数调用的时候,给函数名中的形参传递一个实际的参数,称之为实参。这样函数被调用后,执行函数体时就会执行对应的操作,语法格式如下所示。

```
def 函数名 ( 形参定义 ):
函数体
函数名 ( 实参传入 )
```

2. 实参

函数定义时可能包含多个实参,因此向函数传递实参的方式同样有多种,如位置实参、关键字实参、不定长实参等。

1)位置实参

位置实参是调用函数时,必须将函数调用中的每个实参都关联到函数定义中的一个形参。关联方式是基于实参的顺序,这被称作位置实参,语法格式如下所示。

```
def 函数名 ( 形参定义 ):
print( 形参 )              # 代表着实参的位置
函数名 ( 实参传入 )
```

2)关键字实参

关键字实参是传递给函数的名称,也就是通过键值对方式直接将形参与实参关联起来,这样就不存在顺序问题,语法格式如下所示。

```
def 函数名 ( 形参定义 ):
print( 形参 )         # 代表着实参的位置
函数名 ( 形参名 = 实参 )
```

3)不定长实参

不定长实参是在定义一个函数时,希望函数能够处理比定义时更多的参数,此时可在函数中使用*或**符号表示不定长参数,语法格式如下所示。

```
def 函数名 ( 形参定义 ,*grgs,**kwargs ):
函数体
```

其中，*grgs 和**kwargs 是不定长参数，*表示接受任意多个实参，并将其放在一个元组中；**表示接受任意多个实参，并放入字典中。实参格式类似关键字参数，两种形式可用其一或同时使用。

五、函数的嵌套

Python 允许函数的嵌套定义，即在函数内可以再定义另外一个函数。同理，Python 还允许在一个函数中调用另外一个函数，这就是函数的嵌套调用。

计算 1！+2！+3！+…+10！的值并输出，具体代码如下所示。

```
def calculate_sum():
    # 嵌套定义计算阶乘的函数
    def factorial(n):
        result = 1
        for i in range(1, n+1):
            result *= i
        return result

    # 计算 1!到 10!的和
    total = 0
    for i in range(1, 11):
        total += factorial(i)  # 嵌套调用 factorial 函数
    return total
print("1! + 2! + ... + 10! =", calculate_sum())
```

六、函数的递归

Python 支持函数的递归调用，它是一种函数嵌套调用的特殊格式，函数直接或间接地调用本身。直接递归调用就是在函数中调用自身，但为了防止无限递归，通常要为递归函数设置终止条件。

计算 n 的阶乘（递归实现），具体代码如下所示。

```
def recursive_factorial(n):
    # 终止条件：n=1 时返回 1
    if n == 1:
        return 1
    # 递归调用：n! = n * (n-1)!
    return n * recursive_factorial(n-1)
```

```
print("\n 递归计算 5 的阶乘：", recursive_factorial(5)) # 输出：120
print("递归计算 10 的阶乘：", recursive_factorial(10)) # 输出：3628800
```

请尝试计算：斐波那契数列的第 n 项。数列从第 3 项开始，元素的值为前两个元素之和。

提示：斐波那契数列（Fibonacci sequence），又称黄金分割数列，因数学家列昂纳多·斐波那契以兔子繁殖为例而引入，故又称为“兔子数列”。

在日常生活中，可经常看见斐波那契数的身影，如松果、凤梨、树叶的排列，某些花朵的花瓣数（典型的有向日葵花瓣）、蜂巢、蜻蜓翅膀、黄金矩形、黄金分割、等角螺线。

【任务拓展】

以下是一个包含基础运算和函数封装思想的简易计算器程序。这个程序不仅实现了基本的数学运算，还展示了如何通过函数封装提高代码复用性，并融入了错误处理机制和用户交互设计请读者自行理解和体会。

```
def add(a: float, b: float) -> float:
    """加法运算"""
    return a + b

def subtract(a: float, b: float) -> float:
    """减法运算"""
    return a - b

def multiply(a: float, b: float) -> float:
    """乘法运算"""
    return a * b

def divide(a: float, b: float) -> float:
    """除法运算，处理除数为零的情况"""
    if b == 0:
        raise ValueError("除数不能为零")
    return a / b

def power(a: float, b: float) -> float:
    """幂运算"""
    return a ** b

def calculate(a: float, b: float, operator: str) -> float:
    """根据运算符执行相应的计算"""
    operations = {
        '+': add,
        '-': subtract,
```

```
        '*': multiply,
        '/': divide,
        '^': power
    }

    if operator not in operations:
        raise ValueError(f"不支持的运算符: {operator}")

    return operations[operator](a, b)

def get_user_input() -> tuple[float, float, str]:
    """获取用户输入并进行验证"""
    while True:
        try:
            a = float(input("请输入第一个数字: "))
            b = float(input("请输入第二个数字: "))
            operator = input("请输入运算符 (+, -, *, /, ^): ").strip()
            return a, b, operator
        except ValueError as e:
            print(f"输入错误: {e}。请输入有效的数字。")

def display_result(a: float, b: float, operator: str, result: float) -> None:
    """格式化并显示计算结果"""
    print(f"\n{'-' * 20}")
    print(f"{a} {operator} {b} = {result}")
    print(f"{'-' * 20}")

def main() -> None:
    """计算器主程序"""
    print("欢迎使用简易计算器")
    print("支持的运算: +, -, *, /, ^")
    print("=" * 30)

    while True:
        try:
            a, b, operator = get_user_input()
            result = calculate(a, b, operator)
            display_result(a, b, operator, result)
        except ValueError as e:
            print(f"计算错误: {e}")
        except Exception as e:
            print(f"发生未知错误: {e}")

        choice = input("\n 是否继续计算? (y/n): ").strip().lower()
```

```
            if choice != 'y':
                print("感谢使用计算器，再见！ ")
                break

if __name__ == "__main__":
    main()
```

任务二　编写奥运会奖牌榜程序

【任务描述】

2024 年巴黎奥运会共产生 339 块金牌，中国代表队取得的金牌数和奖牌总数都排名第二。本任务将带来大家编写 Python 程序，使用全局变量和匿名函数制作奥运会奖牌榜。

【知识链接】

一、局部变量和全局变量

全局变量和局部变量的区别在于作用域，全局变量是在整个 Python 文件中声明的，全局范围内可以使用；局部变量是在某个函数内部声明的，只能在函数内部使用，如果超出使用范围（函数外部），则会报错。

1. 局部变量

定义在函数内部的变量称为局部变量，它的作用域范围在函数内，函数外无效。局部变量定义的语法格式如下所示。

```
def 函数名 ( 形参定义 ):
变量 1      # 局部变量
函数体
```

需要注意的是，当在函数外调用函数内的局部变量时，程序会报错。

2. 全局变量

定义在函数外的变量称为全局变量，其作用域范围为全局。如果将函数比作国家，那么全局就是全球，全局变量就像是阿拉伯数字，世界通用。全局变量定义的语法格式如下所示。

```
变量 1   # 全局变量
def 函数名 ( 形参定义 ):
变量 2      # 局部变量
函数体
```

当在函数外调用函数内的全局变量时，程序会直接运行。

全局变量与局部变量主要是针对函数内外而言的。当在函数内定义一个与全局变量一样名字的变量时，相当于在函数内重新定义了一个局部变量。在函数内重新定义这个变量后，无论在函数内怎样改动这个函数的值，只会在函数内生效，对全局来说是没有任何影响的。也可以从侧面推测出，函数内定义的局部变量优先级大于全局变量。

二、global 和 nonlocal 关键字

当内部作用域想要使用或修改外部作用域的变量时，可以使用 global 和 noglocal 关键字声明该变量，但声明时不能赋值。

1.global 关键字

函数内定义全局变量是指在函数内部通过 global 关键字定义变量，并且变量能够在函数外任意位置使用，与全局变量一致，语法格式如下所示。

```
def 函数名 ( 形参定义 ):
 global 变量    1# 全局变量
 函数体
```

变量已在函数外创建时，如果需要在函数内使用或修改该变量，需要在函数内使用关键字 global 声明该全局变量；变量没在函数外创建时，在函数内直接用 global 关键字声明全局变量，然后赋值，调用该函数会创建新的全局变量，在函数外也可以使用或修改该变量。

2.nonlocal 关键字

如果要在一个嵌套的函数内使用或修改嵌套外部作用域中的变量时，需要使用 nonlocal 关键字修饰该变量。

三、匿名函数

lambda 关键字用于定义一种特殊的函数——匿名函数。匿名函数是将函数名作为函数结果返回，其基本语法格式如下所示。

```
函数名=lambda[参数列表]:
表达式
```

lambda 函数用于定义简单、能够在一行内表示的函数，返回一个函数名。它常用在临时需要一个类似函数的功能但又不想定义函数的场合。

【任务拓展】

以下是一个模拟 2024 年巴黎奥运会奖牌榜的 Python 程序，该程序结合了数据结构与函数封装的思想，实现了奖牌榜的展示、查询、排序等功能，并融入了巴黎奥运会的实际数据作为示例，读者自行理解和体会。

```
class OlympicMedalTable:
    """奥运会奖牌榜管理系统"""

    def __init__(self):
        # 使用字典存储奖牌榜数据，键为国家/地区，值为包含金牌、银牌、铜牌和总数的字典
        self.medal_table = {}

        # 初始化已知数据（巴黎奥运会部分数据）
        self.initialize_paris_olympics_data()

    def initialize_paris_olympics_data(self):
        """初始化巴黎奥运会已知数据"""
        # 数据来源：巴黎奥运会实际结果（截至当前已知信息）
        self.add_country("美国", 40, 38, 37)   # 示例数据，非实际结果
        self.add_country("中国", 38, 32, 36)   # 示例数据，实际排名第二
        self.add_country("日本", 22, 21, 24)   # 示例数据
        self.add_country("英国", 22, 20, 22)   # 示例数据
        self.add_country("澳大利亚", 17, 16, 20)   # 示例数据

    def add_country(self, country: str, gold: int, silver: int, bronze: int) -> None:
        """添加或更新国家/地区的奖牌数据"""
        total = gold + silver + bronze
        self.medal_table[country] = {
            "gold": gold,
            "silver": silver,
            "bronze": bronze,
            "total": total
        }

    def display_table(self, sort_by: str = "gold", reverse: bool = True) -> None:
        """显示奖牌榜，可按指定方式排序"""
        print("\n===== 奥运会奖牌榜 =====")

        # 排序
        sorted_countries = sorted(
            self.medal_table.items(),
            key=lambda x: (x[1][sort_by], x[1]["gold"], x[1]["silver"], x[1]["bronze"]),
            reverse=reverse
        )

        # 打印表头
        print(f"{'排名':<5}{'国家/地区':<15}{'金牌':<8}{'银牌':<8}{'铜牌':<8}{'总数':<8}")
        print("-" * 60)
```

```
        # 打印数据
        for i, (country, medals) in enumerate(sorted_countries, 1):
            print(f"{i:<5}{country:<15}{medals['gold']:<8}{medals['silver']:<8}{medals['bronze']:<8}
{medals['total']:<8}")

    def search_country(self, country: str) -> None:
        """搜索特定国家/地区的奖牌信息"""
        if country in self.medal_table:
            medals = self.medal_table[country]
            print(f"\n 国家/地区: {country}")
            print(f"金牌: {medals['gold']}")
            print(f"银牌: {medals['silver']}")
            print(f"铜牌: {medals['bronze']}")
            print(f"总数: {medals['total']}")
        else:
            print(f"未找到国家/地区: {country}")

    def get_top_countries(self, n: int = 3, by: str = "gold") -> list:
        """获取排名前 n 的国家/地区"""
        sorted_countries = sorted(
            self.medal_table.items(),
            key=lambda x: (x[1][by], x[1]["gold"], x[1]["silver"], x[1]["bronze"]),
            reverse=True
        )
        return sorted_countries[:n]

    def calculate_total_medals(self) -> dict:
        """计算所有国家/地区的奖牌总数"""
        totals = {
            "gold": sum(data["gold"] for data in self.medal_table.values()),
            "silver": sum(data["silver"] for data in self.medal_table.values()),
            "bronze": sum(data["bronze"] for data in self.medal_table.values()),
            "total": sum(data["total"] for data in self.medal_table.values())
        }
        return totals

def main():
    """主程序入口"""
    medal_table = OlympicMedalTable()

    print("欢迎使用奥运会奖牌榜查询系统")
    print("=" * 40)

    while True:
```

```
print("\n 请选择操作:")
print("1. 显示奖牌榜(按金牌排序)")
print("2. 显示奖牌榜(按总数排序)")
print("3. 搜索国家/地区")
print("4. 查看排名前三的国家")
print("5. 查看奖牌总数统计")
print("6. 添加/更新国家奖牌数据")
print("0. 退出系统")

choice = input("请输入选项 (0-6): ").strip()

try:
    if choice == '0':
        print("感谢使用,再见! ")
        break
    elif choice == '1':
        medal_table.display_table(sort_by="gold")
    elif choice == '2':
        medal_table.display_table(sort_by="total")
    elif choice == '3':
        country = input("请输入国家/地区名称: ").strip()
        medal_table.search_country(country)
    elif choice == '4':
        print("\n=== 按金牌排名前三的国家 ===")
        for i, (country, medals) in enumerate(medal_table.get_top_countries(3, "gold"), 1):
            print(f"{i}. {country}: 金牌 {medals['gold']}")

        print("\n=== 按总数排名前三的国家 ===")
        for i, (country, medals) in enumerate(medal_table.get_top_countries(3, "total"), 1):
            print(f"{i}. {country}: 总数 {medals['total']}")
    elif choice == '5':
        totals = medal_table.calculate_total_medals()
        print("\n=== 奖牌总数统计 ===")
        print(f"金牌总数: {totals['gold']}")
        print(f"银牌总数: {totals['silver']}")
        print(f"铜牌总数: {totals['bronze']}")
        print(f"奖牌总数: {totals['total']}")
    elif choice == '6':
        country = input("请输入国家/地区名称: ").strip()
        gold = int(input("请输入金牌数: ").strip())
        silver = int(input("请输入银牌数: ").strip())
        bronze = int(input("请输入铜牌数: ").strip())
        medal_table.add_country(country, gold, silver, bronze)
        print(f"已更新 {country} 的奖牌数据")
```

```
            else:
                print("无效选项，请重新输入。")
        except ValueError as e:
            print(f"输入错误: {e}")
        except Exception as e:
            print(f"发生未知错误: {e}")

if __name__ == "__main__":
    # 确保中文显示正常
    import io
    import sys
    sys.stdout = io.TextIOWrapper(sys.stdout.buffer, encoding='utf-8')

main()
```

任务三　绘制奥运五环标识

【任务描述】

turtle 库是 Python 中一个很流行的标准库，用于绘制各种平面图形。turtle 又称作海龟，可以把它想象成一只小海龟在画布上游走，走过的轨迹即是绘制的图形。

奥林匹克五环标志由五个奥林匹克环套接组成，分别为蓝、黑、红、黄、绿五种颜色。环从左到右互相套接，上面是蓝、黑、红环，下面是黄、绿环。五种不同颜色的圆环代表了参加现代奥林匹克运动会的五大洲——欧洲、亚洲、非洲、大洋洲和美洲。根据奥林匹克宪章，五环象征五大洲的团结及全世界的运动员以公正、坦率的比赛和友好的精神在奥林匹克运动会上相见。

本任务将带领大家编写 Python 程序，利用 turtle 库绘制奥运五环标识。

【知识链接】

一、模块的导入

调用某个函数时，需要导入模块，在 Python 中可以使用 import 关键字来导入模块。

1. 导入整个模块

导入整个模块的基本语法格式如下所示。

```
impot 模块名[as 别名]
```

使用这种方式导入模块后，调用模块中的函数时必须在函数名前加上模块名作为前缀，其语法格式如下所示。

```
模块名. 函数名
```

因为在多个模块中,可能存在重名的函数,此时如果只通过函数名来调用,解释器将无法知道到底调用哪个函数。当模块名很长时,可为导入的模块设置别名,然后使用别名代替模块名的方式调用函数。

2. 导入特定函数

当只需要用模块中的某个函数时,可只导入指定的函数,其语法格式如下所示。

```
form 模块名 import 函数名[as 别名]
```

使用这种方式仅导入指定的函数,并且可以为导入的函数设置别名。这种方式可以减少查询次数,提供访问速度,同时减少代码量。在调用函数时,不需要使用模块名作为前缀。

3. 导入所有内容

使用*符合可以导入模块中的所有内容(包括函数和常量),其语法格式如下所示。

```
form 模块名 import *
```

这种方式可以直接使用模块中的所有函数而不需要再使用模块名作为前缀。一般不推荐用户这样使用,因为这样会降低代码的可读性,导致命名空间混乱。

二、模块的创建

每个 Python 文件都可以作为一个模块,模块名就是文件名。具体代码如下所示。

````
def land ():
"""控制无人机降落"""
print ("无人机正在降落...")
def fly_to (target):
"""控制无人机飞向指定目标"""
print (f"无人机正在飞向 {target}")
def adjust_height (height):
"""调整无人机飞行高度"""
print (f"无人机高度调整为 {height} 米")
</doubaocanvas-part>
<doubaocanvas-part language="python" path="low_altitude_logistics.py" description="低空物流配送模块">
```python
# low_altitude_logistics.py - 低空物流配送模块
def plan_delivery_route(start, end):
    """规划物流配送路线"""
    print(f"正在规划从 {start} 到 {end} 的低空物流配送路线...")
````
````

```
def load_cargo(cargo_weight):
    """装载货物"""
    print(f"正在装载重量为 {cargo_weight} 千克的货物...")


def unload_cargo():
    """卸载货物"""
    print("正在卸载货物...")

  使用无人机飞行控制模块
drone_control.take_off ()
drone_control.fly_to ("配送点 A")
drone_control.adjust_height (100)
drone_control.land ()
  使用低空物流配送模块
low_altitude_logistics.plan_delivery_route ("仓库", "客户地址")
low_altitude_logistics.load_cargo (50)
low_altitude_logistics.unload_cargo ()
</doubaocanvas-part>
```

在上述示例中，low_altitude_logistics.py 是一个独立的 Python 模块，封装了低空物流配送的相关功能函数。在 main.py 主程序文件中，通过 import 语句导入这个模块，然后调用其中的函数，可实现不同功能。这就如同在低空经济产业链中，不同企业专注于自身领域，通过协作共同推动产业发展。

三、name 属性

在程序开发过程中，开发人员为了测试模块效果，会自行在模块中添加测试信息。Python 提供了一个 name 属性，通过此属性可以识别程序的使用方式：当作为模块导入时，其属性值被自动设置为模块名；如果当程序运行时，其属性自动被设置为字符串 main。因此，想要在模块被导入时，模块中的某个代码块不执行，可以通过判断此属性值来实现。

下面通过具体示例说明__name__属性的作用，扩展之前的低空经济模块，添加测试代码并演示如何使用__name__属性控制代码执行。

```
# drone_control.py - 无人机飞行控制模块
def take_off():
    """控制无人机起飞"""
    print("无人机正在起飞...")

def land():
    """控制无人机降落"""
    print("无人机正在降落...")
```

```
def fly_to(target):
    """控制无人机飞向指定目标"""
    print(f"无人机正在飞向 {target}")

def adjust_height(height):
    """调整无人机飞行高度"""
    print(f"无人机高度调整为 {height} 米")

# 模块测试代码
if __name__ == "__main__":
    print("测试无人机控制模块...")
    take_off()
    fly_to("测试点")
    adjust_height(50)
    land()
    print("无人机控制模块测试完成")
```

当模块作为独立程序运行时：

如果直接执行 python drone_control.py，Python 会将__name__属性设置为"__main__"，此时 if __name__ == "__main__":条件成立，测试代码会被执行。

```
输出结果：
测试无人机控制模块...
无人机正在起飞...
无人机正在飞向 测试点
无人机高度调整为 50 米
无人机正在降落...
无人机控制模块测试完成
```

当在 main.py 中执行 import drone_control 时，Python 会将 drone_control 模块的__name__属性设置为模块名"drone_control"，此时 if __name__ == "__main__":条件不成立，测试代码不会执行。只有在 main.py 中显式调用的函数才会执行。

四、Python 包

为了更好地组织模块，通常会将多个模块放在同一个目录中，该目录称为包。该目录下必须存在 init .py 文件（文件内容可以为空）。

以下是一个 Python 包的实际应用示例，模拟了一个简单的数据分析工具库。这个例子展示了如何组织模块、使用__init__.py 文件以及在包外部引用模块功能。

```
# 目录结构
data_analysis/
```

```
├── __init__.py
├── data_processing.py
├── visualization.py
└── stats_calculator.py

# 模块 1: data_processing.py - 数据处理功能
def clean_data(data):
    """清理数据，处理缺失值"""
    print(f"清理数据: {len(data)} 条记录")
    return [x for x in data if x is not None]

def normalize_data(data):
    """数据归一化处理"""
    min_val = min(data)
    max_val = max(data)
    return [(x - min_val) / (max_val - min_val) for x in data]

# 模块 2: visualization.py - 数据可视化功能
import matplotlib.pyplot as plt

def plot_line(data, title="数据趋势图"):
    """绘制折线图"""
    plt.figure(figsize=(10, 6))
    plt.plot(data)
    plt.title(title)
    plt.show()

def plot_histogram(data, bins=10, title="数据分布图"):
    """绘制直方图"""
    plt.figure(figsize=(10, 6))
    plt.hist(data, bins=bins)
    plt.title(title)
    plt.show()

# 模块 3: stats_calculator.py - 统计计算功能
def calculate_mean(data):
    """计算平均值"""
    return sum(data) / len(data) if data else 0

def calculate_std_dev(data):
    """计算标准差"""
    mean = calculate_mean(data)
    variance = sum((x - mean) ** 2 for x in data) / len(data)
    return variance ** 0.5
```

```
# __init__.py 文件 (可以为空,也可选择性导入模块内容)
from .data_processing import clean_data, normalize_data
from .visualization import plot_line, plot_histogram
from .stats_calculator import calculate_mean, calculate_std_dev

# 使用包的主程序示例
if __name__ == "__main__":
    # 模拟数据
    sample_data = [12, 15, 13, None, 18, 20, 16, 14, 19, 17]

    # 数据处理
    cleaned_data = clean_data(sample_data)
    normalized_data = normalize_data(cleaned_data)

    # 统计计算
    mean_val = calculate_mean(normalized_data)
    std_dev = calculate_std_dev(normalized_data)

    print(f"数据均值: {mean_val:.2f}")
    print(f"数据标准差: {std_dev:.2f}")

    # 数据可视化
    plot_line(normalized_data, "归一化数据趋势")
    plot_histogram(normalized_data, 5, "归一化数据分布")
```

其中，data_analysis 目录作为一个包，包含多个相关模块，每个模块负责特定功能领域（数据处理、可视化、统计计算）。__init__.py 文件存在于包目录中，声明该目录是一个 Python 包；可以为空，也可以通过导入语句定义包的公开接口；示例中选择性导入了模块中的函数，使它们可以直接从包名访问。

【任务拓展】

turtle 库提供了多种函数用于绘制图形，常用的函数如下。

① forward(distance)/fd(distance): 画笔前进指定距离 distance，单位为像素，方向为画笔的朝向。

② goto(x, y): 画笔移动到绝对坐标(x, y)，y 可缺省。

③ penup( ): 画笔抬起，移动时不画线。

④ pendown( ): 画笔落下，移动时画线。

⑤ pensize(width): 设置或返回线条粗细，如果未指定参数，则返回当前的粗细。

⑥ pencolor(*args): 设置或返回画笔颜色，如果未指定参数，则返回当前的颜色。

⑦ circle(radius): 绘制半径为 radius 的圆，单位为像素。

⑧ hideturtle()：隐藏画笔。

⑨ done()：停止画笔绘制，但不关闭绘图窗口。

思路：绘制奥运五环标识图案，需要先导入 turtle 库，设置别名为 t，设置画笔宽度为 3，然后定义函数 drawcircle(x，y，c)(*x* 和 *y* 表示画笔坐标，*c* 表示颜色)。在其中先抬起画笔，移动到(x，y)位置后落下画笔，并设置画笔的颜色为 *c*，绘制一个半径为 30 像素的圆；接着 5 次调用 drawCircle()函数，分别在(0，0)、(65，0)、(130，0)、(97.5，-30)、(32.5，-30)位置绘制蓝色(Blue)、黑色(Black)、红色(Red)、绿色(Green)和黄色(Yellow)的圆。程序代码如下所示。

```
import turtle as t

# 设置画笔宽度
t.pensize(3)

def draw_circle(x, y, color):
    """绘制奥运五环中的一个环"""
    t.penup()          # 抬起画笔，移动时不绘制
    t.goto(x, y)       # 移动到指定坐标
    t.pendown()        # 落下画笔，开始绘制
    t.color(color)     # 设置画笔颜色
    t.circle(30)       # 绘制半径为 30 的圆

# 奥运五环颜色列表
colors = ["Blue", "Black", "Red", "Green", "Yellow"]

# 奥运五环位置坐标( x, y )
positions = [
    (0, 0),          # 蓝色环位置
    (65, 0),         # 黑色环位置
    (130, 0),        # 红色环位置
    (32.5, -30),     # 黄色环位置( 在蓝环和黑环下方 )
    (97.5, -30)      # 绿色环位置( 在黑环和红环下方 )
]

# 绘制奥运五环
for pos, color in zip(positions, colors):
    draw_circle(pos[0], pos[1], color)

# 隐藏画笔并保持窗口打开
t.hideturtle()
t.done()
```

项目总结

本项目主要介绍了 Python 中函数的相关内容。通过本项目的学习，读者应重点掌握以下内容。

（1）Python 中使用 def 关键字定义函数，当函数的参数为零个时，也必须保留一对空的圆括号，且圆括号后面的冒号不能省略，而函数体相对于 def 关键字必须保持一定的空格缩进。

（2）函数使用 return()语句返回值，可以返回零个、一个或多个值。如果返回多个值，每个值之间使用逗号隔开，函数调用后，返回值以元组形式保存。

（3）Python 中参数的数据类型可分为不可变数据类型（如整数、浮点数、字符串、元组等）和可变数据类型（如列表、字典、集合等）。当参数数据类型为不可变数据类型时，在函数内直接修改形参的值不会影响实参。但当参数数据类型为可变数据类型时，在函数内使用下标或其他方式增加、删除或修改元素时，实参也会相应地修改。

（4）Python 函数有位置参数、默认值参数、关键字参数和不定长参数四种参数类型。

（5）Python 中可以嵌套定义函数，也可以嵌套调用函数，还允许函数递归。

（6）当内部作用域想要使用或修改外部作用域的变量时，可使用 global 或 nonlocal 关键字声明该变量，但声明时不能赋值。

（7）关键字 lambda 用于定义匿名函数，将函数名作为函数结果返回。

（8）Python 使用 import 关键字来导入模块，且每个 Python 文件都可以作为一个模块。

项目考核

一、选择题

（1）函数的定义需要关键字（　　）。

A. del　　B. class　　C. def　　D. global

（2）根据函数参数的不同，可以将 Python 中的函数分为（　　）个类别。

A. 1　　B. 2　　C. 3　　D. 4

二、简答题

（1）简述函数的优势。

三、编程题

（1）设计一个函数，接收一个整数列表，返回列表中所有偶数的平方和。

（2）编写函数，实现将输入的英文句子中每个单词的首字母大写，其他字母小写（如输入“hello WORLD”，返回“Hello World”）。

（3）创建一个函数，判断一个年份是否为闰年（能被 4 整除但不能被 100 整除，或能被 400 整除的年份为闰年）。

（4）实现一个函数，接收两个列表，返回它们的交集（即同时存在于两个列表中的元素，不包含重复值）。

（5）设计函数，将一个十进制整数转换为指定进制（2~16 进制）的字符串表示，如十进制 10 转换为二进制是“1010”，转换为十六进制是“A”。

（6）编写一个函数，计算一段文本中包含的中文字符数量（忽略英文字母、数字和标点符号）。

（7）创建函数，接收一个字典（键为学生姓名，值为成绩列表），返回每个学生的平均成绩字典。

（8）实现函数，生成指定范围内的所有素数（质数），并以列表形式返回。

项目六

拨云见日，水落石出——面向对象程序设计

思政导读

在 Python 面向对象编程的探索中，“拨云见日，水落石出”的哲理恰似穿透技术表象抵达本质的认知路径，而类与对象的构建过程，正是从混沌中提炼规律、在差异中寻找共性的思维实践。这一编程范式不仅是代码的组织艺术，更蕴含着认知世界与自我成长的深层智慧。

Python 的面向对象编程，本质是“拨云见日”的思维工具：用封装穿透表象，用继承梳理脉络，用多态拥抱变化。当学习者能从__init__方法中看到“初始化事物”的逻辑，从 super()调用中理解“传承与创新”的平衡时，便实现了从“写代码”到“悟规律”的升华——这恰是“水落石出”的深层隐喻：让技术的河床暴露本质的纹理，让编程的实践映照认知的进阶，最终在代码的字里行间，看见思维成长与人生智慧的粼粼波光。

学习目标：

- 理解面向对象程序设计的思想；
- 掌握定义类和创建对象的方法，self 参数和构造、析构方法的使用；
- 掌握变量和实例变量、类方法和静态方法的区别和用法；
- 掌握面向对象的三大特性。

素养目标：

- 培养对事物进行观察和归纳总结的能力；
- 提高使用抽象思维解决问题的能力；
- 提高自编程序的能力。

任务一　学习面向对象

【任务描述】

传统的程序设计方法被称为面向过程的程序设计。面向对象是一种符合人类思维习惯的编程思想。现实生活中存在着各种形态不同的事物，这些事物之间存在着各种联系，在程序中使用对象来映射现实中的事物，使用对象的关系来描述事物之间的联系，这种思想就是面向对象。

类和对象是面向对象编程中最重要的两个核心概念。类是一个抽象的概念，是具有相同特征和行为的事物的集合。

如“中国人”就是一个类，他们具有黑头发、黄皮肤的共同特征。对象是现实生活中看得见、摸得着的具体存在的事物，比如同学——小明，他就是属于“中国人”这个类的一个对象，小明拥有中国人共同的特征——黑头发、黄皮肤，但他存在着有别于其他对象且属于自己的独特属性和行为，属性可以随着它的行为而发生改变，比如小明身高 180 cm、单眼皮等。 也就是说，类是对象的抽象，而对象是类的具体实例。类不占用内存，而对象占用内存。 类是用于创建对象的蓝图，它是一个定义某种类型对象中的方法和变量的软件模板。

例如，“鸟”是一个类，燕子、喜鹊、老鹰等都是属于“鸟”这个类当中的具体实例（具体某件事物），可以把“鸟”看作所有鸟的集合，同样的“鸟”也属于“动物”这个行列，还可以把“鸟”看作“动物”的子集，而“动物”是“鸟”的超类。

【知识链接】

一、概述

面向对象编程（Object Oriented Programming，OOP）是一种软件设计方法。随着科技水平的发展，软件编程的代码量日益增加，面向对象编程应运而生。面向对象编程主要针对大型软件设计提出，使软件设计更加灵活，相对于面向过程编程来讲，能够更好地支持代码复用和设计复用，并且使得代码具有很好的可读性和扩展性。

在面向对象编程中，对象可以被当成数据及一些可以存取或操作数据的方法的集合。对象主要有以下三个特点：封装性（实现对象信息隐蔽，利用接口隐蔽对象内部的工作细节）、继承性（通过建立专门的类来实现数据共享）和多态性（不同类的对象使用相同的操作可以得到不同的执行结果）。

二、类和对象

1. 类的定义

类（class）是面向对象编程实现数据封装的基础。类的定义是从关键字 class 开始的，当执行完 class 的整段代码块之后，这个新定义的类才会生效，进入类定义部分后，系统会为该类创建一个新的局部作用域，而在类中定义的数据和方法都会隶属于该局部作用域的变量。类一般由类名、属性和方法三个部分组成。定义一个类的语法格式如下所示。

```
class 类名:
属性列表
方法列表
```

参数说明如下。

（1）类的名称首字母需要大写，如果类名需要由多个单词组成，则每个单词的首字母都大写，这种命名方法称之为驼峰命名。

（2）属性用于描述事物的特征，例如某个中国人的语言、喜欢颜色、年龄等都是用变量来表示的。

（3）方法是类中定义的函数用于描述事物的行为，比如狗具有叫、奔跑等行为。

对类的函数和方法成员命名时，通常采用小写字母，如果有多个单词构成函数名或方法名时，采用连接线相连的形式。

2. 类的对象

类的对象有两种操作，分别是属性引用和实例化。属性引用的使用和 Python 中所有属性引用一样，标准语法为 obj.name。类对象创建后，类命名空间中所有的命名都是有效属性名。

Python 中创建对象的语法格式如下所示。

```
对象名=类名()
```

对象创建后，可以使用它来访问类中的变量和方法，具体语法格式如下所示。

```
对象名. 变量名
对象名. 方法名([参数])
```

3.self 参数

在 Python 中，一个类可以生成无数个对象，当一个对象的方法被调用时，对象会将自身的引用作为第一个参数（即方法的 self 参数），传递给该方法。这样，Python 就知道需要操作哪个对象的方法了。

带 self 参数的方法也称作实例方法，在类的实例方法中访问实例变量时，须以 self 为前缀，但在外部通过对象名调用实例方法时不需要传递该参数。

三、构造与析构

1. 构造方法

类中有一个名为 __init__() 的特殊方法称为构造方法，该方法在类实例化时会自动调用。 __init__(self)方法就是构造函数，在实例化时自动调用。如果这个函数内有打印的方法，当实例化后会打印里面的信息。__init__ ()方法的第一个固定参数为 self，表示创建实例本身，在 __init__ ()方法内部，可以把各种属性绑定到 self，因为 self 指向创建的实例本身。有了 __init__() 方法，在创建实例时，就不能传入空的参数了，必须传入与 __init__() 方法相匹配的参数，但 self 不需要传，Python 解释器自己会把实例变量传进去。

```
class MyClass:
    def __init__(self, name):
        self.name = name   # 初始化实例属性

    def say_hello(self):
        print(f"Hello, my name is {self.name}")

# 创建一个带有初始化属性的实例
my_instance = MyClass("Alice")

# 调用实例方法
my_instance.say_hello()   # 输出: Hello, my name is Alice
```

2. 析构方法

__del__（self）方法就是析构函数，是在实例被销毁时自动调用的。当使用 del 删除对象时，会调用它本身的析构函数，另外当对象在某个作用域中调用完毕，在跳出其作用域的同时，析构函数也会被调用一次，这样可以用来释放内存空间。需要注意的是，析构函数在实例被销毁时执行，但不是必需的。

任务二　学习类与成员的方法

【任务描述】

在 Python 中成员方法可分为公有方法、私有方法、静态方法和类方法四类，它们的区别如下。

（1）公有方法：自定义的普通成员方法，如同可以通过对象名直接调用的方法和属性。

（2）私有方法：私有方法的名字以两个下画线“__”开始。

（3）静态方法：静态方法可以没有参数，可以通过类名和对象名调用，但不能直接访问属 于对象的成员，只能访问属于类的成员。

（4）类方法：一般将“cls”作为类方法的第一个参数名称，但也可以使用其他命名的参数，在调用类方法时不需要为该参数传递值。可以通过类名和对象名直接调用，但不能直接访问属于对象的成员，只能访问属于类的成员。

【知识链接】

一、类变量与实例变量

Python 类中定义了类变量和实例变量,它们有以下区别。

①类变量是指类中所有方法外定义的;实例变量一般是指在构造方法中定义的,在类中定义和使用时必须以 self 作为前缀。

②类变量属于类,可以通过类名和对象名访问;实例变量属于实例对象,在主程序中只能通过对象名访问。

③如果类中有相同名称的类变量和实例变量,通过对象名访问变量时获取的是实例变量的值,通过类名访问变量时获取的是类变量的值。

二、成员的方法

1. 公共方法

公共方法是在创建好的类中编写的一个普通方法,不具有任何修饰符,无论是子类还是实例对象都可以进行调用。eat() 方法就一个公共方法。

2. 私有方法

私有方法以两个下画线开头,声明该方法为私有方法,只能在类的内部调用(类的内部其他方法中调用),不能在类的外部调用。

3. 静态方法

静态方法需要通过修饰器“@staticmethod”来进行修饰,不需要创建对象,只需通过类名 称即可完成静态方法的调用。其语法格式如下所示。

```
class MyClass:
    @staticmethod
    def static_metho
```

4. 类方法

类方法是类所拥有的方法,需要用修饰器 @classmethod 来标识其为类方法,对于类方法,第一个参数必须是类对象,一般以 cls 作为第一个参数,也可以有别的参数。但是第一个必须是类对象,与类中的 def 定义的普通方法第一个参数要是 self 是一样的道理。

```
class MyClass:
    class_variable = "I am a class variable"
    @classmethod
    def print_class_variable(cls):
        print(cls.class_variable)
# 不需要创建实例即可调用类方法
MyClass.print_class_variable()        # 输出: I am a class variable
```

通过类的对象名可以调用实例方法、类方法和静态方法，通过类名可以调用类方法和静态方法。一般情况下，如果要修改实例变量的值，可直接使用实例方法；如果要修改类变量的值，可直接使用类方法；如果是辅助功能，如打印菜单等，则可以考虑使用静态方法。

```
class MyClass:
    def my_method(self, param1):
        # 在这里，self 引用 MyClass 的一个实例
        # 使用 self 可以访问实例的属性或其他方法
        print(f"param1 is {param1}")
# 创建一个类的实例
my_instance = MyClass()
# 调用实例方法
my_instance.my_method("Hello, World!")   # 输出: param1 is Hello, World!
```

任务三　学习类的继承与重载

【任务描述】

在创建一个新类的时候，可以继承一个已经存在的类，也就是"父类"或"基类"。新的类就可以继承父类的所有属性和方法，并且可以在此基础上添加新的属性或方法，或者覆盖父类的某些方法。就好像我们学习唱歌，可以学习并继承前辈的唱法和技巧，然后再加入自己的理解和创新，形成自己独特的风格。

在 Python 中，通常指的是对方法（也就是函数）的重载。也就是说，在子类中定义一个与父类中同名的方法，这样在调用这个方法时，就会执行子类中的版本，而不是父类中的。这就像我们在唱歌时，虽然继承了前辈的某首歌曲，但我们可以根据自己的理解和感受，重新诠释这首歌曲，赋予它新的生命和感情。

但是需要注意的是，Python 并不支持传统意义上的函数重载，我们不能仅仅根据参数的类型或数量来定义多个同名的函数。Python 的函数重载通常是通过默认参数和可变参数来实现的，或者使用不同的函数名来区分不同的功能。

【知识链接】

一、封装

封装是面向对象编程的核心思想，它将对象的属性和行为封装起来（其载体是类），隐藏其实现细节，用户只需通过接口来操作对象。好比用户使用计算机时，通过键盘就可以实现一些功能，无须知道计算机内部是如何工作的。

具体来说，封装有两个层面的含义。

①将客观事物封装成抽象的类，类中的变量和方法只能通过类名或对象名加“.”的方式来访问，前面介绍的例子其实都是这一层面的封装。

②将类的某些变量和方法隐藏在类内部，不允许用户直接访问，或者留下少量的方法供外部访问。下面重点介绍第二层面的封装。

为了更好地实现数据的封装和保密性，可以将类中的变量和方法设置成私有的，然后在类中定义一个方法（也称接口函数），在它内部访问被隐藏的变量和方法，而外部可以通过接口函数进行访问。

Python 中私有化变量或方法时，只需在名字前加两个下画线即可。

Python 目前的私有机制其实是伪私有，在外部可以通讨“__类名__属性”访问私有变量和调用私有方法。

二、继承

面向对象编程（OOP）语言的一个主要功能就是继承。继承是指可以使用现有类的所有功能，并在无须重新编写原来的类的情况下对这些功能进行扩展。通过继承创建的新类称为“子类”或“派生类”，被继承的类称为“基类”“父类”或“超类”，继承的过程就是从一般到特殊的过程。在某些 OOP 语言中，一个子类可以继承多个基类。但是一般情况下，一个子类只能有一个基类，要实现多重继承，可以通过多继承来实现。

1. 单继承

继承性是面向对象编程的重要特性之一，是为代码复用和设计复用而设计的。自定义一个新类时可以继承一个已有的类然后进行二次开发，这会大幅度减少开发的工作量。子类可以继承父类的公有成员，但是不能直接继承其私有成员。

Python 同样支持类的继承，如果一种语言不支持继承，类就没有什么意义。语法格式如下所示。

```
class 子类名（父类名）:
语句块
```

子类会继承父类的属性和方法。父类必须与子类定义在一个作用域内。

2. 多继承

Python 支持多重继承。子类继承多个父类的格式，是将多个父类的类名写在某个类的“class”语句后的“（ ）”中并用逗号分开，如果父类中有相同的方法名，而在子类中使用时没有指定父类名，则 Python 解释器将从左向右按顺序进行搜索，语法格式如下所示。

```
class 子类名（父类 A, 父类 B):
语句块
```

需要注意圆括号中的父类名的顺序，如果父类中有相同的方法名，而在子类中使用时未能准确地指出，Python 将会从左至右进行搜索，如果该方法未能在子类中找到，就会从父类中寻找是否包含此方法。

3. 方法重载

父类的成员都会被子类继承，当父类中的某个方法不适用于子类中，就需要在子类中重新编写父类中的这个方法，语法格式如下所示。

```
class 父类名：
  def 父类方法名 ():
代码块
class 子类名 ( 父类名 ):
def 和父类方法名相同 ():
代码块
```

三、多态

在 Python 中，多态指的是一类事物有多种形态，如一个父类有多个子类，因而多态的概念依赖于继承。而多态性可以这样描述：向不同的对象发送同一条消息，不同的对象在接收时会产生不同的行为（即方法）。也就是说，每个对象可以用自己的方式去响应同一消息（调用函数）。

【项目拓展】

这是一个基于 Python 面向对象编程的校园人员管理系统案例，完整展示了类的定义、继承、多态和封装等特性，读者可自行理解体会。这个程序模拟了学校中不同角色（学生、教师、行政人员）的管理系统，包含人员信息管理、课程注册和成绩管理等功能。

```
class Person:
    """基类：人员"""
    def __init__(self, name: str, age: int, gender: str):
        self._name = name   # 封装：使用单下画线表示受保护属性
        self._age = age
        self._gender = gender
        self._id = None

    def set_id(self, id: str):
        """设置人员 ID"""
        self._id = id

    def get_info(self) -> dict:
        """获取人员基本信息"""
        return {
            "id": self._id,
            "name": self._name,
```

```
                "age": self._age,
                "gender": self._gender
            }

    def introduce(self) -> str:
        """自我介绍(多态方法)"""
        return f"大家好,我是{self._name}。"


class Student(Person):
    """学生类,继承自 Person"""
    def __init__(self, name: str, age: int, gender: str, major: str):
        super().__init__(name, age, gender)
        self._major = major    # 专业
        self._courses = {}     # 课程字典:{课程名称: 成绩}

    def enroll_course(self, course_name: str):
        """注册课程"""
        if course_name not in self._courses:
            self._courses[course_name] = None
            print(f"{self._name}已注册课程:{course_name}")
        else:
            print(f"{self._name}已注册过{course_name}")

    def set_grade(self, course_name: str, grade: float):
        """设置课程成绩"""
        if course_name in self._courses:
            self._courses[course_name] = grade
            print(f"{self._name}的{course_name}成绩已设置为{grade}")
        else:
            print(f"{self._name}未注册{course_name}")

    def get_courses(self) -> dict:
        """获取已注册课程"""
        return self._courses

    def introduce(self) -> str:
        """重写自我介绍(多态实现)"""
        return f"大家好,我是{self._name},主修{self._major}专业。"


class Teacher(Person):
    """教师类,继承自 Person"""
    def __init__(self, name: str, age: int, gender: str, department: str):
```

```
        super().__init__(name, age, gender)
        self._department = department  # 所属院系
        self._courses_taught = []      # 教授的课程

    def assign_course(self, course_name: str):
        """分配教学课程"""
        if course_name not in self._courses_taught:
            self._courses_taught.append(course_name)
            print(f"{self._name}已分配课程：{course_name}")
        else:
            print(f"{self._name}已教授{course_name}")

    def grade_student(self, student: Student, course_name: str, grade: float):
        """给学生课程评分"""
        if course_name in self._courses_taught:
            student.set_grade(course_name, grade)
        else:
            print(f"{self._name}未教授{course_name}，无法评分")

    def get_courses_taught(self) -> list:
        """获取教授的课程"""
        return self._courses_taught

    def introduce(self) -> str:
        """重写自我介绍（多态实现）"""
        courses = ", ".join(self._courses_taught) or "暂无课程"
        return f"大家好，我是{self._name}老师，来自{self._department}，教授{courses}。"


class AdminStaff(Person):
    """行政人员类，继承自 Person"""
    def __init__(self, name: str, age: int, gender: str, position: str):
        super().__init__(name, age, gender)
        self._position = position  # 职位

    def manage_student(self, student: Student, action: str):
        """管理学生（注册、退学等）"""
        print(f"{self._name}({self._position})正在为{student.get_info()['name']}办理{action}手续")

    def manage_teacher(self, teacher: Teacher, action: str):
        """管理教师（聘任、解聘等）"""
        print(f"{self._name}({self._position})正在为{teacher.get_info()['name']}办理{action}手续")

    def introduce(self) -> str:
```

```
        """重写自我介绍(多态实现)"""
        return f"大家好,我是{self._name},担任{self._position}职位,负责行政工作。"


class School:
    """学校类:管理所有人员和课程"""
    def __init__(self, name: str, address: str):
        self._name = name
        self._address = address
        self._students = {}    # 学生字典:{学生 ID: 学生对象}
        self._teachers = {}    # 教师字典:{教师 ID: 教师对象}
        self._admin_staff = {}    # 行政人员字典:{行政人员 ID: 行政人员对象}
        self._courses = set()    # 学校开设的所有课程

    def add_student(self, student: Student, student_id: str):
        """添加学生"""
        if student_id not in self._students:
            student.set_id(student_id)
            self._students[student_id] = student
            print(f"学生{student.get_info()['name']}已加入{self._name},ID: {student_id}")
        else:
            print(f"学生 ID {student_id}已存在")

    def add_teacher(self, teacher: Teacher, teacher_id: str):
        """添加教师"""
        if teacher_id not in self._teachers:
            teacher.set_id(teacher_id)
            self._teachers[teacher_id] = teacher
            print(f"教师{teacher.get_info()['name']}已加入{self._name},ID: {teacher_id}")
        else:
            print(f"教师 ID {teacher_id}已存在")

    def add_admin_staff(self, admin: AdminStaff, admin_id: str):
        """添加行政人员"""
        if admin_id not in self._admin_staff:
            admin.set_id(admin_id)
            self._admin_staff[admin_id] = admin
            print(f"行政人员{admin.get_info()['name']}已加入{self._name},ID: {admin_id}")
        else:
            print(f"行政人员 ID {admin_id}已存在")

    def add_course(self, course_name: str, teacher_id: str):
        """添加课程并分配教师"""
        if teacher_id in self._teachers:
```

```
            teacher = self._teachers[teacher_id]
            teacher.assign_course(course_name)
            self._courses.add(course_name)
            print(f"课程{course_name}已添加，由{teacher.get_info()['name']}老师教授")
        else:
            print(f"教师 ID {teacher_id}不存在")

    def enroll_student_in_course(self, student_id: str, course_name: str):
        """为学生注册课程"""
        if student_id in self._students and course_name in self._courses:
            student = self._students[student_id]
            student.enroll_course(course_name)
        else:
            print(f"学生 ID {student_id}或课程{course_name}不存在")

    def grade_student_in_course(self, teacher_id: str, student_id: str, course_name: str, grade: float):
        """教师为学生课程评分"""
        if (teacher_id in self._teachers and
            student_id in self._students and
            course_name in self._courses):
            teacher = self._teachers[teacher_id]
            student = self._students[student_id]
            teacher.grade_student(student, course_name, grade)
        else:
            print(f"教师 ID {teacher_id}、学生 ID {student_id}或课程{course_name}不存在")

    def display_all_persons(self):
        """显示所有人员信息"""
        print(f"\n=== {self._name}人员信息 ===")

        print("\n 学生:")
        for sid, student in self._students.items():
            info = student.get_info()
            print(f"ID: {sid}, 姓名: {info['name']}, 专业: {student._major}")

        print("\n 教师:")
        for tid, teacher in self._teachers.items():
            info = teacher.get_info()
            courses = ", ".join(teacher.get_courses_taught())
            print(f"ID: {tid}, 姓名: {info['name']}, 院系: {teacher._department}, 课程: {courses}")

        print("\n 行政人员:")
        for aid, admin in self._admin_staff.items():
            info = admin.get_info()
```

```
            print(f"ID: {aid}, 姓名: {info['name']}, 职位: {admin._position}")


# 主程序:演示系统功能
def main():
    # 创建学校
    school = School("Python 大学", "编程路 100 号")

    # 创建人员
    student1 = Student("张三", 20, "男", "计算机科学")
    student2 = Student("李四", 21, "女", "数据科学")

    teacher1 = Teacher("王教授", 45, "男", "计算机系")
    teacher2 = Teacher("李讲师", 35, "女", "数学系")

    admin = AdminStaff("赵主任", 40, "女", "教务处主任")

    # 添加人员到学校
    school.add_student(student1, "S001")
    school.add_student(student2, "S002")
    school.add_teacher(teacher1, "T001")
    school.add_teacher(teacher2, "T002")
    school.add_admin_staff(admin, "A001")

    # 添加课程
    school.add_course("Python 编程", "T001")
    school.add_course("数据结构", "T001")
    school.add_course("高等数学", "T002")

    # 学生选课
    school.enroll_student_in_course("S001", "Python 编程")
    school.enroll_student_in_course("S001", "数据结构")
    school.enroll_student_in_course("S002", "Python 编程")
    school.enroll_student_in_course("S002", "高等数学")

    # 教师评分
    school.grade_student_in_course("T001", "S001", "Python 编程", 90)
    school.grade_student_in_course("T001", "S001", "数据结构", 85)
    school.grade_student_in_course("T001", "S002", "Python 编程", 95)
    school.grade_student_in_course("T002", "S002", "高等数学", 88)

    # 行政人员管理
    admin.manage_student(student1, "学籍注册")
    admin.manage_teacher(teacher1, "年度考核")
```

```
    # 显示多态效果
    print("\n=== 人员自我介绍( 多态演示 )===")
    for person in [student1, student2, teacher1, teacher2, admin]:
        print(person.introduce())

    # 显示学校所有人员信息
    school.display_all_persons()

if __name__ == "__main__":
    main()
```

项目总结

本项目主要介绍了 Python 中面向对象编程的相关内容，通过本项目的学习，读者应重点掌握以下内容。

（1）面向对象程序设计思想是把事物的属性和行为包含在类中。其中，事物的属性作为类的变量，事物的行为作为类的方法，而对象则是类的一个实例。因此，想要创建对象，需要先定义类。

（2）Python 中使用 class 关键字声明类。类名必须是合法标识符，类名的首字母一般大写，类名后必须紧跟冒号，类体相对于 class 关键字必须保持一定的空格缩进。

（3）带 self 参数的方法称作实例方法，在类的实例方法中访问实例变量时，须以 self 为前缀，但在外部通过对象名调用实例方法时不需要传递该参数。

（4）构造方法的固定名称为_init()，当创建类的对象时，系统会自动调用构造方法，实现对象的初始化操作。

（5）类变量属于类，可以通过类名或对象名访问；而实例变量属于实例（即对象），在主程序中（或类的外部）只能通过对象名访问。

（6）面向对象编程具有封装、继承和多态三大特征。

（7）通过类的对象名可以访问实例方法、类方法和静态方法，通过类名可以访问类方法和静态方法。

项目考核

一、选择题

（1）下面选项中哪个不是面向对象编程的特征？（　　）

A. 多态　　B. 继承　　C. 抽象　　D. 封装

（2）关于类和对象的关系，下面描述中正确的是（　　）。

A. 对象描述的是现实中真实存在的个体，它是类的实例

B. 对象是根据类创建的,并且一个类只能对应一个对象

C. 类是现实中真实存在的个体

D. 类是面向对象的核心

(3)构造方法是类的一个特殊方法,其名称为(　　)。

A. 与类同名　　B._init_　　C. init　　D._del_

(4)构造方法的作用是(　　)。

A. 类的初始化　　B. 一般成员方法　　C. 对象的建立　　D. 对象的初始化

(5)Python 中用于释放资源的方法是(　　)。

A. delete_　　B. del　　C. _del_　　D. init_

(6)下面说法正确的是(　　)。

A. 方法和函数的格式是完全一样的

B. 创建类的对象时,系统会自动调用构造方法进行初始化

C. 创建完对象后,其属性的初始值是固定的,外界无法进行修改

D. 在主程序中(或类的外部),实例变量可以通过类名访问

(7)Python 中定义私有属性的方法是(　　)。

A. 使用 X 定义属性名　　B. 使用 X 定义属性名

C. 使用 private 关键字　　D. 使用 public 关键字

(8)下面表示 C 类继承 A 类和 B 类的语句中,正确的是(　　)。

A. class CA,B:　　B.class C(A,B)　　C. class C(A,B):　　D.class C A and B:

(9)下面方法中,不能使用类名访问的是(　　)。

A. 静态方法　　B. 类方法　　C. 实例方法　　D. 以上三项都是

(10)下面选项中,用于标识静态方法的是(　　)。

A. @classmethod　　B. @staticmethod　　C. $staticmethod　　D. @privatemethod

二、填空题

(1)在 Python 由可以用__________关键字来声明一个类。

(2)类的实例方法中必须有一个_______参数,位于参数列表的开头。

(3)在主程序中(或类的外部),实例变量属于实例(即对象),只能通过_____访问,而类变量属于类,可以通过_____或_____访问。

(4)在继承关系中,已有的、设计好的类称为__________,新设计的类称为__________。

(5)父类的____________属性和方法是不能被子类继承的,更不能被子类访问。

(6)如果需要在子类中调用父类的方法,可以使用内置函数_______________或通过_______________的方式来实现。

(7)类方法是类所拥有的方法,需要用修饰器____________来标识。

(8)子类想按照自己的方式实现方法,需要____________从父类继承的方法。

项目七

一叶障目，不见泰山——异常处理

思政导读

在 Python 异常处理中，未被处理的异常如同“一叶障目”，一个除数为零或文件读取异常，可能让整个程序崩溃，恰似因一片树叶遮挡而错失整片森林。而 try-except 机制则是“拨叶见山”的智慧实践：通过分层捕获具体异常与通用异常，开发者能像剥洋葱般剖析错误本质，既让程序在 finally 中确保资源释放，也培养透过表象看本质的认知能力。这启示我们：生活中难免遇到“异常”，但需以结构化思维拆解问题，不因局部挫折（一叶）否定全局可能，而要在容错中修炼韧性，让“泰山”般的全局视野穿透迷雾，在技术与人生中皆做清醒的“异常处理者”。

学习目标：

● 了解异常的概念及 Python 中常见的异常；

● 掌握处理异常的 try-except 语句、多重 except 语句、try-except-else 语句和 try-ex-ccpt-finally 语句的使用方法；

● 掌握 raise 语句和 assert 语句的使用方法；

● 掌握用户自定义异常的方法。

素养目标：

● 锻炼从全局视角看问题、客观辩证地思考和处理问题的科学思维方式；

● 发扬精益求精的工匠精神，养成严谨科学的作风；

● 强化身体健康安全意识，敬畏生命、珍惜生命。

任务一　解读 bug

【任务描述】

异常就是在程序运行出现错误时，让 Python 解释器执行事先准备好的除错程序，进而尝试恢复程序的执行。在程序运行的过程中，会出现很多猝不及防的异常，如果这些异常得不到正确处理就会导致程序终止运行。

因此，编写代码时，在可能出现异常的位置进行处理可以使程序更加健壮，并具有更强的容错性。同时，由于异常的类型很多，须尽量对所有可能出现的异常进行处理。所以，需要用户全面地考虑问题，进行多次测试和调试。

【知识链接】

一、语法错误

语法错误又称解析错误，是指在使用 Python 编写代码时，如果出现语法错误，会提示为红色波浪线。常见的语法错误包括拼写错误、缩进错误等不符合语法规范的错误以及变量名首字母使用了数字、if 语句后边没有冒号。

语法和逻辑错误不属于异常，但有些语法错误有时会导致异常，如由于大小写拼写错误而访问不存在的对象。程序出现异常或错误后是否能够快速地调试程序和解决存在的问题，也是程序员综合水平和能力的重要体现方式之一。

二、异常

1. 内建异常类

在 Python 中，每当程序出错时，都会自动触发异常，每一个错误类型都是 Python 中的内建异常类。用户也可以自定义创建具有自己特色的异常类，具体实现内容如下。

Python 中有许多内建异常类，在程序出错时会自动触发。常用的内建异常类见表 7-1。

表 7-1　常用内建异常类

类名	描述
Exception	所有异常的基类
AttributeError	特性引用或者赋值失败时引发
IOError	试图打开不存在的文件时引发
IndexError	在使用序列中不存在的索引时引发
KeyError	在使用映射中不存在的键时引发

续表

类名	描述
NameError	找不到名字(变量)时引发
SyntaxError	在代码为错误时引发
TypeError	在内建操作或者函数应用于错误类型的对象时引发
ValueError	在内建操作或者函数应用于正确类型的对象，但是该对象使用不合适的值时引发

程序停止执行并且提示错误信息这个动作通常称为抛出异常。通过使用 input() 函数输入一个整数，当输入的不是一个整型变量时，程序会出错，抛出一个 ValueError 异常。

2. 自定义异常类

虽然内建异常类中已经包括许多错误情况，但是在项目的开发过程中还是要根据实际情况，创建具有自己特色的异常处理类。那么该如何创建自定义异常类呢？只需要让自定义异常类继承 Exception 类或其他内建异常类即可，具体格式如下所示。

```
class ex1(Exception):
语句块
```

任务二　解读身份证号码

【任务描述】

身份证号码是唯一的，是每个公民个人身份的唯一标识。二代身份证号码为 18 位，前 6 位为籍贯，其中，前 2 位为省区编号，7~10 位、11~12 位及 13~14 位分别为出生年、月、日；第 17 位为性别，偶数为女性，奇数为男性。

本任务将带领大家编写 Python 程序：根据身份证号码判断省区、生日和性别，当输入有误时捕获异常。

【知识链接】

程序开发时，很难将所有的特殊情况都进行完善处理，这时可以通过异常捕获针对突发事件进行集中处理，从而保证程序的稳定运行。异常处理主要有“try-except”“try-except-except”“try-except-else”“try-except-finally”四种结构。

一、try-except 语句

在程序开发中，如果对某些代码的执行不能确定是否正确，可以增加 try 来捕获异常，如图 7-1 所示。

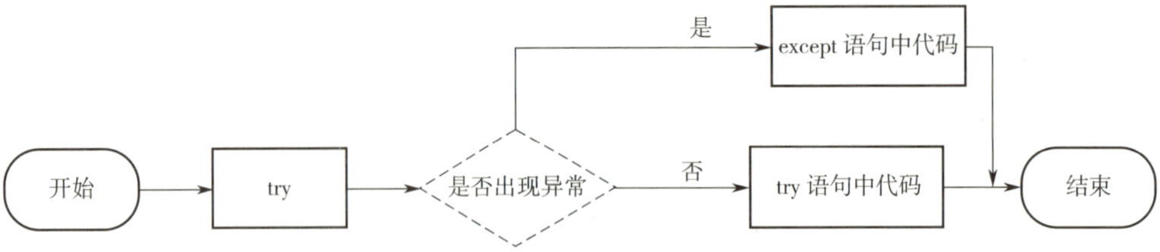

图 7-1　try-except 语句流程图

语法结构如下所示。

```
try:
try 语句块        # 编写可能出现异常的语句
except:
except 语句块    # 处理异常的语句
```

运行程序时，只要捕获异常，程序就会执行 except 子句，不会再执行 try 子句中未执行的语句。

二、try-except-except 语句

try-except-except 语句又叫多重 except 语句，在程序执行时可能会遇到不同类型的异常，并且需要针对不同类型的异常，作出不同的响应，这个时候就需要捕获错误类型。采用多重 except 语句结构来捕获异常，可以处理多种异常情况，如图 7-2 所示。

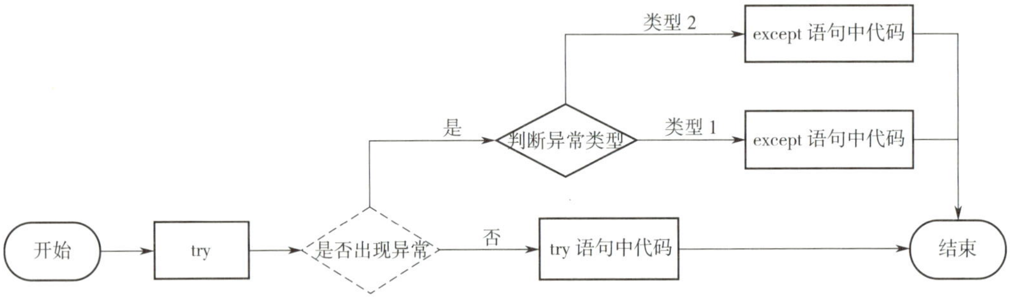

图 7-2　多重 except 语句流程图

语法结构如下所示。

```
try:
 try 语句块
except 内建异常类名 1:
except 语句块
except 内建异常类名 2:
 except 语句块
```

这里用第一个“except”处理第一种异常情况，用第二个“except”处理第二种异常情况，

依次类推，可以继续添加更多的异常处理语句块。当无法确定要对哪一种异常进行处理时，可在 except 子句中不指定异常类型，此时程序将捕获所有异常。

三、try-except-else 语句

"try"语句块中的代码片段可能出现异常，第一个 except 子句中的语句块处理第一种可能出现的异常，依次类推，中间可以继续添加异常处理语句块，如果此时没有异常，就会执行 else 子句后的语句块。try-except-else 语句结构可以使异常处理逻辑更加严谨，如图 7-3 所示。

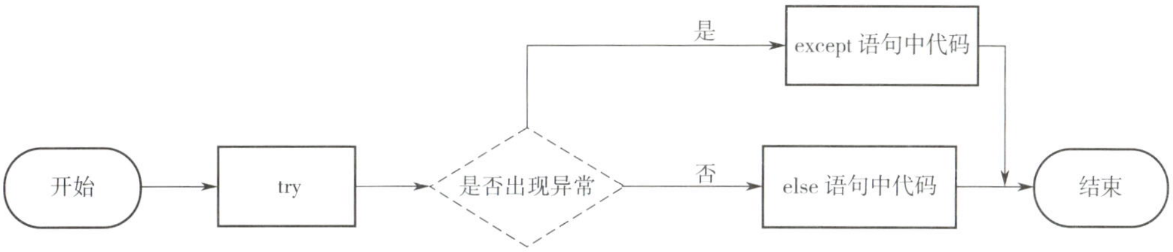

图 7-3　try-except-else 语句流程图

语法结构如下所示。

```
try:
try 语句块
except 内建异常类名 :
except 语句块
……
 else:
 else 语句块
```

四、try-except-finally 语句

无论是否出现异常，最后都会执行"finally"语句，finally 子句常用来作一些清理工作，以释放 try 子句中申请的资源，如图 7-4 所示。

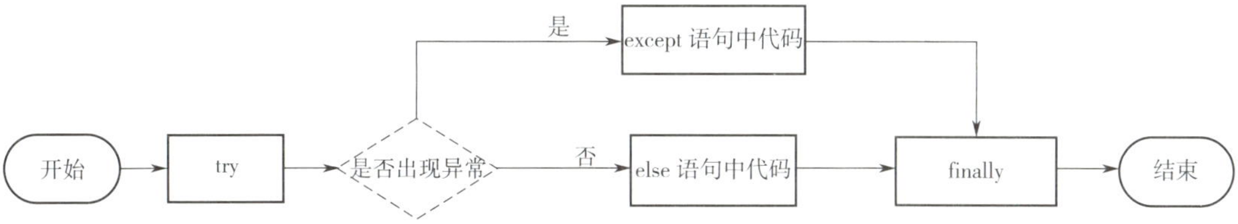

图 7-4　try-except-finally 语句流程图

语法结构如下。

```
try:
try 语句块
except 内建异常类名 :
except 语句块
……
finally:
finally 语句块
```

Python 异常处理中可以同时包含多个 except 子句、else 子句和 finally 子句。所有的 except 子句必须在 else 子句和 finally 子句之前，else 子句必须在 finally 子句之前，否则会出现语法错误。

【任务拓展】

身份证号码解读程序代码如下所示，读者请自行理解和体会。

```
#定义字典，保存身份证号码前 2 位对应的省区编号
province_dict = { '11':'北京市','12':'天津市','13':'河北省','14':'山西省','15':'内蒙古自治区','21':'辽宁省','22':'吉林省','23':'黑龙江省','31':'上海市','32':'江苏省','33':'浙江省','34':'安徽省','35':'福建省','36':江西省','37':山东省','41':'河南省','42':'湖北省','43'湖南省','44':'广东省','45':'广西壮族自治区','46':'海南省','50':'重庆市','51':'四川省','52':'贵州省','53':'云南省','54':'西藏自治区','61':'陕西省','62':'甘肃省','63':'青海省','64':'宁夏回族自治区','65':'新疆维吾尔自治区','71':'台湾地区','81':'香港特别行政区','82':'澳门特别行政区'}
instr =input('请输入你的身份证号:\n ')        #输入身份证号码
if len (instr)== 18:
try:
province = province_dict [instr[0:2]]              #获取省区编号
birthday = instr[6:10]+'年'+ instr[10:12]+'月' + instr[12:14]+'日'        #获取生日
if int (instr[16])%2== 0:                              #获取性别
gender ='女'
else:
gender ='男'
print('你来自:',province)                                  #输出省区
print('你的生日是:',birthday)                              #输出生日
print('你的性别是:',gender)                               #输出性别
except    KeyError:
print('你输入的身份证号码前 2 位有误，该省区编号不存在!')
else:
print( '你输入的身份证号码长度有误!')
```

项目总结

本项目主要介绍了 Python 中异常的相关内容。

（1）异常一般是指程序运行时发生的错误，合理使用异常处理可以提高程序的容错性

和健壮性。

（2）try-except 语句用于捕获异常，当 try 子句中的代码块引发异常并被 except 子句捕获时，就执行 except 子句中的代码块。

（3）针对不同异常可设置多个 except 子句，也可对多个异常进行统一处理。

项目考核

一、选择题

（1）下面哪个选项表示除数为 0 异常？（　　）

A. TypeError　　B. Zero　　C. NameError　　D. IvisionError

（2）下面哪个选项是 Python 异常处理可能用到的关键字？（　　）

A. ValueError　　B. try　　C. else　　D. if

（3）Python 中所有的异常类都是（　　）的子类。

A. Throwable　　B. Error　　C. Exception　　D. BaseException

（4）运行下面程序，输出结果为（　　）。

```
try:
a = 'hello'print (b)
except SyntaxError:
print('出错啦!')
```

A. hello　　B. 出错啦！

C. b　　D. 程序运行中断，抛出异常

（5）下面可以抛出异常的语句是（　　）。

A. finally　　B. raise　　C. try　　D. except

（6）断言通过下面哪个语句实现？（　　）

A. finally　　B. assert　　C. try　　D. catch

二、填空题

（1）当使用序列中不存在的索引时，会引发__________异常。

（2）抛出异常可以通过_________语句实现。

项目八

世事如棋需妙手——文件操作

思政导读

磨砺心志强筋骨，提升能力解纷扰；世事如棋需妙手，难题似雾待清风。这句话暗示了通过不断锻炼和磨砺来增强自身的意志和能力，直接表达了提升解决问题能力以应对生活中的各种纷扰和挑战。用棋局比喻世事，强调在处理问题时需要巧妙和精准的手法，难题如同迷雾，需要等待智慧的清风来驱散。

本项目将详细介绍 Python 中文件操作的处理方法，使读者了解对文件的操作过程，熟悉 Python 操作文件的过程，掌握 Python 操作文件的访问等相关应用，具有使用 Python 文件处理操作知识，提升解决处理问题的能力。

学习目标：

- 了解文件打开、关闭和读写等相关操作；
- 熟悉常用文件模式；
- 掌握文件常用方法。

素养目标：

- 锻炼从全局视角看问题、客观辩证地思考和处理问题的科学思维方式；
- 发扬精益求精的工匠精神，养成严谨科学的作风；
- 提升解决处理问题的能力。

任务一　学习文件操作的方法

【任务描述】

程序中数据可通过键盘输入，但当数据量较大时，用户工作量将会增大，而且每次运行时都需要重复输入。此外，程序的运行结果可直接输出到屏幕上，但程序每次运行完毕后，程序运行结果就会被“清空”。因此，如果将数据保存在文件中，每次程序运行时对文件进行读取，并且将程序运行结果保存在另一个文件中，这样可大大减轻工作量，也可长期保存数据。

本项目将详细介绍 Python 中文件操作的方法。

【知识链接】

在 Python 中，文件操作一般包括打开文件、关闭文件、读写文件。其中，打开文件是打开指定的目标文件，读写文件是对目标文件进行数据的写入和读取，关闭文件是指将操作完成的文件关闭。

一、文件概述

文件是指记录在存储介质上的一组相关信息的集合。存储介质种类多样，常见的如纸质存储介质（纸张以及打印出来的照片等）和电子媒介（计算机磁盘、光盘、U 盘或其他电子媒体介质等）。一个文件是一个整体，可以存放到磁盘中，或者在被运用时，从磁盘读到内存中。文件作为一个整体，有自己的名字、一定的长度、被修改的最后日期等许多特有的附带信息来把它与别的文件区分开来。

1. 文件存储类型

文件可分为文本文件和二进制文件。在常见的操作系统下，能够使用文件编辑器进行操作的文件，称为文本文件。其余类型的文件均属于二进制文件。文本文件与二进制文件的 区别在于二进制文件处理效率更高。

目前，计算机中比较常见的文件包括文本文档、图片和可执行程序等。文件的名称主要由两部分组成，分别为文件名和文件的扩展名，中间使用“.”进行分隔，即“文件名 . 扩展名”，文件的扩展名虽然能够任意修改，但修改后可能会造成文件损坏或内容丢失等情况，因而不建议进行修改，常见文件类型与扩展名对应见表 8-1。

表 8-1　常见文件类型与扩展名对应表

文件类型	扩展名
文档文件	.txt、.doc、.hlp、.wps、.rtf、.html、.pdf
压缩文件	.rar、.zip、.arj、.gz、.z
图形文件	.bmp、.gif、.jpg、.pic、.png、.tif

续表

文件类型	扩展名
声音文件	.wav、.aif、.au、.mp3.ram、.wma
动画文件	.avi、.mpg、.mov、.swf
系统文件	.int、.sys、.dll、.adt
可执行文件	.exe、.com
备份文件	.bak
临时文件	.tmp
模板文件	.dot
批处理文件	.bat

2. 文件路径

路径是指当某个项目或程序需要读取本地文件系统中的文件时所指定的文件的地址。针对程序或项目来说，文件的路径可分为两类，分别为相对路径和绝对路径。相对路径与绝对路径说明如下。

1）绝对路径

绝对路径指文件在磁盘上的完整路径，如 C：\windows\photo\123.jpg，由文件名、完整路径和驱动器字母组成。以 Windows 为例，假设 D 盘根目录中有一个名为 pathfile 的目录，该目录中包含有一个名为“openjpg.py”的 Python 程序和一个名为“123.jpg”的图片，若需要使用“openjpg.py”文件读取“123.jpg”时，绝对路径应写为“D:\pathfile\123.jpg”。

需要注意的是，绝对路径的缺点是如果将整个 pathfile 文件夹移动到其他盘符或部署到其他服务器时，并不一定包含 D 盘这个盘符，这时使用绝对路径“D：\pathfile\123.jpg”会导致无法找到这个文件。

2）相对路径

相对路径就是指由这个文件所在的路径引起的与其他文件（或文件夹）的路径关系。如上述文件“openjpg.py”和“123.jpg”，相对于“openjpg.py”，文件名为“123.jpg”的文件在同一级目录，所以使用“openjpg.py”文件读取“123.jpg”文件时可以直接写文件名，相对路径使用符号“/”表示，具体使用方式如下。

（1）在斜杠“/”前面加一个点，即（./）表示当前文件的根目录。

（2）在斜杠“/”前面加两个点，即（../）表示父级目录或上一级目录。

相对路径的优点在于将项目文件夹部署到任何位置都能够访问到对应项目下的文件。

二、文件操作的函数和方法

在 Python 中，文件操作一般包括打开文件、读取文件、写入文件和关闭文件。文件操作的函数和方法见表 8-2。

表 8-2　文件操作的函数和方法

函数	方法说明
open()	打开文件,并且返回文件对象
read()	将文件内容读取出来
write()	将指定内容写入文件
close()	关闭文件
readline()	对文件进行行读取
writeline()	对文件进行行写入

1. 打开文件

在想要以某种方式打开文件时,需要用到 open()函数中的“mode”参数。“mode”参数就是文件操作的模式选择。具体打开文件需要用到的模式见表 8-3。

表 8-3　打开文件的操作模式

模式	说明
r	读模式,如果文件不存在则抛出异常(默认模式,可省略)
w	写模式,如果文件已存在,先清空原有内容,如果文件不存在,则创建一个新文件进行写入
x	写模式,创建新文件,如果文件已存在则抛出异常
a	追加模式,不覆盖文件中原有内容
b	二进制模式(可与其他模式组合使用)
+	读、写模式(可与其他模式组合使用)

open() 函数默认以只读方式打开文件,并返回文件对象。在开发中更多的时候会以只读或只写的方式来操作文件。打开文件在使用 open() 函数的过程中需要注意函数参数的使用,具体语法格式如下所示。

```
open(file_name,mode,buffering,encoding=None)
```

函数常用参数见表 8-4。

表 8-4　函数参数表

参数名	说明
file_name	指定被打开的文件名称
mode	指定打开文件后的处理模式
buffering	指定读写文件缓存模式。0 表示不缓存模式,1 表示缓存模式,-1 表示默认缓冲区的大小,大于 1 则表示缓冲区的大小。默认值是缓存模式
encoding	指定对文本进行编码和解码的方式,只适用于文本模式,可以使用 Python 支持的任何格式,如 GBK、UTF-8、CP936 等

注意,如果由于指定文件不存在、访问权限不够、磁盘空间不够或者其他原因导致创建文件对象失败则抛出异常。

2. 写入文件

写入文件就是将一段数据写入到目标文件中，这里使用 write()函数进行文件的写入，具体语法格式如下。

```
f = open("file_name","w")          # 以只写的方式打开文件
f.write(" ")                       # 文件对象调用 write()函数，进行数据的写入
```

按行写入文件常使用 writeline()函数，传送给该函数一个字符串列表，它会将所有的字符串都合成一个字符串写入文件。

3. 读取文件

读取文件就是将目标文件中的数据内容读取出来，这里使用 read()函数来进行文件的读取，具体语法格式如下。

```
f = open("file_name","r")          # 以只读的方式打开文件
f.read(" ")                        # 文件对象调用 read()函数，进行数据的读取
```

如果要读取指定长度的数据，只需要在 read()函数中写入要读取的数据长度。read()函数默认会把文件的所有内容一次性读取到内存，如果文件太大，对内存的占用会非常严重，当遇到这种情况时，可以使用 readline()函数和 writeline()函数对文件进行操作。

readline()函数可以一次读取一行内容，执行后会把文件指针移动到下一行，准备再次读取。

4. 关闭文件

文件读写操作后都会添加 f.close()语句，它有什么作用呢？该语句是文件关闭语句，当对文件内容进行读写操作后，一定要关闭文件对象，这样才能保证所做的任何修改都确实被保存到文件中。但是，有时即使写了关闭文件的代码，也无法保证文件一定能够正常关闭。

例如，如果在打开文件之后和关闭文件之前发生了错误导致程序崩溃，这时文件就无法正常关闭，所以在管理文件对象时推荐使用 with 关键字，可以有效地避免这个问题。具体语法格式如下所示。

```
with open(file_name,mode,buffering,encoding=None) as fp:
```

使用 with 关键字后，文件关闭则不需要 f.close()语句，从而有效地提高了文件读写的安全性。

任务二　学习批量生成和重命名文件

【任务描述】

批量生成和重命名文件可以减少重复的文件操作，提高工作效率。本任务将带领大家

学习使用 Python 标准库中的文件和文件夹操作模块，批量生成和重命名文件。

【知识链接】

一、os 模块

一个计算机系统中有成千上万个文件，为了便于对文件进行存取和管理，会创建一个文件目录来存放要存储的文件，在 Python 中如果要执行文件 / 目录管理操作，例如创建、重命名、删除、改变路径、查看目录内容等，需要导入 os 模块。

os 模块提供了非常丰富的方法来处理文件和目录，具体的方法见表 8-5。

表 8-5　os 模块的方法

方法	说明
os.rename(src, dst)	重命名（从 src 到 dst）文件或文件夹，如果目录发生改变，即为移动并重命名文件，若目标文件已存在则抛出异常
os.remove(path)	删除目录为 path 的文件，如果 path 是一个文件夹则抛出异常
os.mkdir(path,mode)	创建文件夹，要求上级目录必须存在，mode 参数为创建文件夹的权限，缺省时创建的文件夹权限为可读可写可执行，如果文件夹已经存在则抛出异常
os.getcwd()	返回当前工作目录
os.chdir(path)	将 path 设为当前工作目录
os.listdir(path)	返回 path 目录下的文件和文件夹列表
os.rmdir(path)	删除 path 指定的空文件夹，如果文件夹非空则抛出异常
os.removedirs(path)	删除多级目录，目录中不能有文件

1. 文件重命名

文件重命名就是将当前的文件名改为新文件名，一般使用 os 模块中的 rename()方法，具体语法格式如下。

```
os.rename("当前文件名","新文件名")
```

通过使用 rename()方法实现将“old.txt”改为“new.txt”。

2. 文件删除

文件删除就是将目标文件进行删除，一般使用 remove()方法，具体语法格式如下。

```
os.remove("目标文件")
```

通过使用 rename() 方法实现将“new.txt”文本文件删除。

3. 创建和删除目录

目录相当于一个容器，将多个文件或其他目录存储在一起。多个文件通过存储在一个目录中，可以达到有组织地存储文件的目的。这里学习使用 mkdir()和 rmdir()方法实现目录的创建和删除，语法格式如下所示。

```
os.mkdir("new_dir")  # 创建目录
os.rmdir("rm_name")  # 删除目录
```

二、os.path 模块

os.path 模块提供了大量用于判断路径和获取文件属性的方法，具体见表 8-6。

表 8-6　os.path 模块的方法

方法	说明
os.path.abspath(path)	返回指定文件的绝对路径
os.path.split(path)	将 path 分割成目录和文件名，返回一个元组
os.path.splitext(path)	将 path 分割成文件名与扩展名，返回一个元组
os.path.exists(path)	如果指定文件存在，返回 True，否则返回 False
os.path.getsize(path)	返回指定文件的大小（字节）
os.path.getatime(path)	返回指定文件最后一次的访问时间
os.path.getctime(path)	返回指定文件的创建时间
os.path.getmtime(path)	返回指定文件最后一次的修改时间

getatime()、getctime()和 getmtime()方法分别用于获取文件的最近访问时间、创建时间和修改时间。但返回值是浮点数，可用 time 模块的 gmtime()或 localtime()方法换算。

```
#导入 os.path 模块
import os.path
#导入 time 模块
import time
temp= os.path.getctime('os_test')    #获取“os_test”文件夹创建时间
print(temp)             #输出创建时间
#输出换算时间，结果为“os_test”文件夹的创建时间
print('"os_test"文件夹的创建时间',time.strftime('%Y-%m-%d%H:%M:%S', time.localtime(temp)))
```

三、shutil 模块

shutil 模块提供了大量支持文件和文件夹操作的方法，常用方法见表 8-7。

表 8-7　shutil 模块的方法

方法	说明
shutil.copy(src,dst)	复制文件内容及权限
shutil.copy2(src,dst)	复制文件内容及文件的所有状态信息

续表

方法	说明
shutil.copyfile(src,dst)	复制文件，不复制文件属性，如果目标文件已存在则直接覆盖
shutil.copytree(src,dst)	递归复制文件夹内容及状态信息，如果目标文件夹已存在则抛出异常
shutil.rmtree(path)	递归删除文件夹
shutil.move(src, dst)	移动文件或递归移动文件夹，也可重命名文件和文件夹

【项目拓展】

这是一个基于 Python 文件操作的案例程序，模拟了一个简单的学生成绩管理系统。这个程序展示了文件的读取、写入、追加、异常处理等操作，并通过菜单驱动的方式实现了用户交互，读者请自行理解和体会。

```
import os
import json
from typing import List, Dict

class StudentManager:
    """学生成绩管理系统"""
    def __init__(self, data_file: str = "students.json"):
        self.data_file = data_file
        self.students = self._load_data()   # 学生数据存储格式: {学号: 学生信息字典}

    def _load_data(self) -> Dict[str, Dict]:
        """从文件加载学生数据"""
        try:
            if not os.path.exists(self.data_file):
                print(f"数据文件 {self.data_file} 不存在，将创建新文件")
                return {}

            with open(self.data_file, 'r', encoding='utf-8') as f:
                return json.load(f)
        except json.JSONDecodeError:
            print(f"文件 {self.data_file} 格式错误，将创建新文件")
            return {}
        except Exception as e:
            print(f"加载数据时发生未知错误: {e}")
            return {}

    def _save_data(self) -> None:
        """将学生数据保存到文件"""
        try:
```

```
            with open(self.data_file, 'w', encoding='utf-8') as f:
                json.dump(self.students, f, ensure_ascii=False, indent=2)
            print(f"数据已保存到 {self.data_file}")
        except Exception as e:
            print(f"保存数据时发生错误: {e}")

    def add_student(self, student_id: str, name: str, score: float) -> None:
        """添加学生信息"""
        if student_id in self.students:
            print(f"学号 {student_id} 已存在")
            return

        self.students[student_id] = {
            "name": name,
            "score": score
        }
        self._save_data()
        print(f"学生 {name} (学号: {student_id}) 已添加")

    def update_score(self, student_id: str, new_score: float) -> None:
        """更新学生成绩"""
        if student_id not in self.students:
            print(f"学号 {student_id} 不存在")
            return

        self.students[student_id]["score"] = new_score
        self._save_data()
        print(f"学号 {student_id} 的成绩已更新为 {new_score}")

    def delete_student(self, student_id: str) -> None:
        """删除学生信息"""
        if student_id not in self.students:
            print(f"学号 {student_id} 不存在")
            return

        student_name = self.students.pop(student_id)["name"]
        self._save_data()
        print(f"学生 {student_name} (学号: {student_id}) 已删除")

    def query_student(self, student_id: str) -> None:
        """查询学生信息"""
        student = self.students.get(student_id)
        if not student:
            print(f"学号 {student_id} 不存在")
```

```
            return

        print(f"学号: {student_id}")
        print(f"姓名: {student['name']}")
        print(f"成绩: {student['score']}")

    def generate_report(self, report_file: str = "report.txt") -> None:
        """生成成绩报告"""
        if not self.students:
            print("没有学生数据,无法生成报告")
            return

        try:
            with open(report_file, 'w', encoding='utf-8') as f:
                f.write("===== 学生成绩报告 =====\n")
                f.write(f"总人数: {len(self.students)}\n\n")

                # 计算平均分
                total_score = sum(student["score"] for student in self.students.values())
                average_score = total_score / len(self.students)

                f.write(f"平均分: {average_score:.2f}\n\n")
                f.write("学生列表:\n")
                f.write("学号\t 姓名\t 成绩\n")
                f.write("-" * 20 + "\n")

                for student_id, student in self.students.items():
                    f.write(f"{student_id}\t{student['name']}\t{student['score']}\n")

            print(f"成绩报告已生成至 {report_file}")
        except Exception as e:
            print(f"生成报告时发生错误: {e}")

    def batch_import(self, import_file: str) -> None:
        """从 CSV 文件批量导入学生数据"""
        if not os.path.exists(import_file):
            print(f"导入文件 {import_file} 不存在")
            return

        try:
            with open(import_file, 'r', encoding='utf-8') as f:
                lines = f.readlines()

            count = 0
```

```
                for line in lines[1:]:    # 跳过标题行
                    parts = line.strip().split(',')
                    if len(parts) != 3:
                        print(f"格式错误: {line}")
                        continue

                    student_id, name, score = parts
                    try:
                        score = float(score)
                    except ValueError:
                        print(f"成绩格式错误: {score}")
                        continue

                    if student_id not in self.students:
                        self.students[student_id] = {
                            "name": name,
                            "score": score
                        }
                        count += 1

                self._save_data()
                print(f"成功导入 {count} 条学生数据")
            except Exception as e:
                print(f"导入数据时发生错误: {e}")

    def display_all_students(self) -> None:
        """显示所有学生信息"""
        if not self.students:
            print("没有学生数据")
            return

        print("===== 所有学生信息 =====")
        print("学号\t 姓名\t 成绩")
        print("-" * 20)

        for student_id, student in self.students.items():
            print(f"{student_id}\t{student['name']}\t{student['score']}")


def main():
    """主程序入口"""
    manager = StudentManager()

    while True:
```

```
    print("\n===== 学生成绩管理系统 =====")
    print("1. 添加学生")
    print("2. 更新成绩")
    print("3. 删除学生")
    print("4. 查询学生")
    print("5. 显示所有学生")
    print("6. 生成成绩报告")
    print("7. 批量导入学生数据")
    print("0. 退出系统")
    print("-" * 30)

    choice = input("请输入您的选择: ")

    try:
        if choice == "1":
            student_id = input("请输入学号: ")
            name = input("请输入姓名: ")
            score = float(input("请输入成绩: "))
            manager.add_student(student_id, name, score)

        elif choice == "2":
            student_id = input("请输入要更新的学号: ")
            new_score = float(input("请输入新成绩: "))
            manager.update_score(student_id, new_score)

        elif choice == "3":
            student_id = input("请输入要删除的学号: ")
            manager.delete_student(student_id)

        elif choice == "4":
            student_id = input("请输入要查询的学号: ")
            manager.query_student(student_id)

        elif choice == "5":
            manager.display_all_students()

        elif choice == "6":
            report_file = input("请输入报告文件名(默认 report.txt): ") or "report.txt"
            manager.generate_report(report_file)

        elif choice == "7":
            import_file = input("请输入导入文件名(CSV 格式): ")
            manager.batch_import(import_file)
```

```
            elif choice == "0":
                print("感谢使用学生成绩管理系统,再见！ ")
                break

            else:
                print("无效的选择,请重新输入")

        except ValueError as e:
            print(f"输入错误: {e},请输入有效的数值")
        except Exception as e:
            print(f"操作失败: {e}")


if __name__ == "__main__":
    main()
```

项目总结

本项目主要介绍了 Python 中文件操作的相关内容,通过学习,读者应重点掌握以下内容。

(1)文件的一般操作流程:首先打开文件,创建文件对象;然后通过该对象提供的方法对文件内容进行读取、写入、删除、修改等操作;最后关闭并保存文件。

(2)文件打开的模式有多种,包括只读模式“r”“rb”;只写模式“w”“wb”;追加模式“a”“ab”;既可读也可写模式“r+”“W+”“a+”“rb+”“wb+”“ab+”。其中,带“b”的模式表示以二进制文件格式进行操作。

(3)进行文件内容的读写操作时推荐使用 with 关键字。

(4)Python 提供了写入文件的方法:write()函数用于写入字符串, writelines()函数用于写入字符串序列。

(5)Python 提供了读取文件的方法:read()函数用于读取指定的字节数或全部内容,readline()函数用于读取一行,readlines()函数用于读取所有行。

(6)Python 标准库 os、os.path 和 shutil 是文件与文件夹操作常用的模块。

项目考核

一、选择题

(1)在 Python 中对文件操作的一般步骤是(　　)。

A. 读文件→写文件→关闭文件　　B. 打开文件→读/写文件→关闭文件

C. 打开文件→操作文件　　D. 修改文件→关闭文件

（2）在 Python 中、下面对文件打开模式的描述正确的是(　　)。

A. 用“r”模式打开的文件只能向文件写数据

B. 用“R”模式也可以打开文件

C. 用“w”模式打开的文件只能用于向文件写数据，且该文件可以不存在

D. 用“r”模式可以打开不存在的文件

（3）打开一个已有文件，在文件末尾追加数据，正确的打开模式为(　　)。

A. 'w+'　　B. 'w'　　C.'a'　　D.'r'

（4）下面方法中，可用于向文件中写入数据的是(　　)。

A. open()　　B. write()　　C. read()　　D. close()

（5）下面选项中，用于读取一行数据的语句是(　　)。

A. file.read()　　B. file.readline()　　C. file.readlines()　　D. file.read(10)

（6）下面方法中，用于创建目录的是(　　)。

A. os.rename()　　B. os.remove()　　C. os.mkdir()　　D. os.listdir()

二、填空题

（1）打开文件进行读写后，应使用_____方法关闭文件。

（2）readlines()函数用于读取所有行并返回___________。

（3）___________方法返回文件的当前位置，即文件位置指针当前位置。

项目九

细听风声知雨意——网络爬虫

思政导读

观微知著识天下，信息如海探无涯；细听风声知雨意，静观云变识晴霞。通过观察细微之处来培养洞察天下大事的能力，强调了信息采集的重要性；信息广阔无边，需要我们不断去探索和发现；这句话暗示了通过收集和分析各种信息，我们能够预测未来的趋势和变化，如同听风声便能预知雨意。“静观云变识晴霞”则进一步强调了静心观察、细心分析的能力，能够帮助我们准确判断形势，如同观察云彩的变化便能识别出晴天和霞光。整首诗通过生动的比喻和形象的描绘，表达了信息采集的能力在认识世界、预测未来等方面的重要作用。

本项目使读者了解 Python 网络爬虫，熟悉 Python 爬虫模块的使用方法，掌握使用 urllib 进行网络请求以及使用 XPath 获取网页元素的方法，具有使用 Python 爬虫获取网页数据的能力。

学习目标：

- 了解爬虫的含义；
- 熟悉爬虫的实现步骤；
- 掌握 Urllib 和 XPath 模块的使用方法；
- 具有独立编写爬虫程序的能力。

素养目标：

- 锻炼从全局视角看问题、客观辩证地思考和处理问题的科学思维方式；
- 发扬精益求精的工匠精神，养成严谨科学的作风；
- 提升解决处理问题的能力。

任务一　爬取网站数据

【任务描述】

网络爬虫（Web Spider）也叫网页蜘蛛、网络机器人、网络追逐者。它是一种脚本程序，可以高效准确地将网络上所需的信息进行自动提取。如果将互联网比作蜘蛛网，网络爬虫则通过不同网页的链接地址实现在蜘蛛网上爬取所需信息。

【知识链接】

一、网络爬虫概述

网络爬虫又称为网络蜘蛛或网络机器人，是一个用来实现自动收集网络数据的程序。

网络爬虫不仅能为搜索引擎采集网络信息，还可以定向采集某些网站中的特定信息，如学术网站的论文、团购网站的价格及点评、电商平台的商品信息、招聘信息、租房信息、微博评论等。

网络爬虫是一个自动化的程序，基本工作流程如图 9-1 所示。网络爬虫可分为通用网络爬虫和聚焦网络爬虫两种。

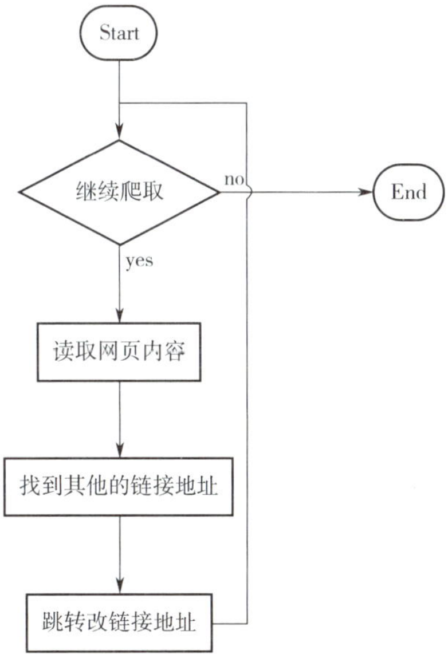

图 9-1　网络爬虫工作流程图

通用网络爬虫的工作原理是从互联网上采集网页信息，这些信息主要用于为搜索引擎提供支持，决定整个搜索引擎的信息及时性和内容的丰富程度。聚焦网络爬虫的工作原理是从互联网上采集网页信息时会对内容进行筛选处理，只爬取所需的网页信息。本部分详细讲解聚焦网络爬虫。

二、urllib 库

urllib 是 Python 中请求 url 连接的官方标准库，在 Python2 中主要为 urllib 和 urllib2，在 Python3 中整合成了 urllib。urllib 中一共有四个模块，分别是 request 模块、error 模块、parse 模块以及 robotparser 模块，本部分将对 urllib 中 request 模块和 error 模块进行学习。

1.request 模块

request 模块主要负责构造和发起网络请求，定义了适用于在各种复杂情况下打开 url（主要为 HTTP）的函数和类，模块中最常用的方法为 urlopen()，具体语法结构如下所示。

```
urllib.request.urlopen( url, data=None, timeout )
```

常见参数说明见表 9-1。

表 9-1　urlopen() 参数表

参数	说明
url	必填，字符串，指定目标网站的 url
data	指定表单数据，该参数默认为 None，此时 urllib 使用 get 方法发送请求，当给参数赋值后，urllib 使用 post 发送请求，并在该参数中携带表单信息
timeout	可选参数，用来指定等待时间，若超过指定时间还没获得响应，则提出一个异常

如果需要更为复杂的操作，如增加 HTTP 报头，此时就不能直接使用 urlopen()方法打开目标网址，而需要创建 request 实例作为 urlopen()方法的参数，目标网址作为 request 实例的参数。语法格式如下所示。

```
urllib.request.request(url,data,headers,origin_req_host,unverifiable,method)
```

参数说明见表 9-2。

表 9-2　request() 参数表

参数	说明
url	指定目标网站的 url
data	发送 post 请求时提交的表单数据，默认为 None
headers	发送请求时附加的请求头部
origin_req_host	请求方的 host 名称或者 IP 地址，默认为 None
unverifiable	请求方的请求无法验证，默认为 False
method	指定请求方法，默认为 None

直接请求目标网站的信息显得十分唐突，所以此时需要为请求增加一个合法的身份，也就是“User-Agent”头。“User-Agent”（用户代理）是一个特殊字符串头，使得服务器能够识别客户使用的操作系统及版本、CPU 类型、浏览器及版本、浏览器渲染引擎、浏览器语言、浏览器插件等。为了使爬虫程序更像真实用户，需要将代码伪装成被认可的浏览器。

2.error 模块

在爬虫时发请求难免出现错误，如访问不到服务器或者访问被禁止等，出错了之后 urllib 将错误信息封装到了一个模块对象中，这个模块就叫 error 模块。urllib.error 可以接受由 urllib.request 产生的异常，其包含了两个方法：URLError 和 HTTPError。

1）URLError 方法

URLError 是 osError 的一个子类，用于处理程序在遇到问题时会引发的异常（或其派生的异常），包含的属性“reason”为引发异常的原因。

2）HTTPError 方法

HTTPError 是 URLError 的一个子类，用于处理特殊 HTTP 错误。例如，作为认证请求时，经常出现状态码报错，常见状态码有（200：请求成功、301：资源（网页等）被永久转移到其他 URL、404：请求的资源（网页等）不存在、500：内部服务器错误）。其包含的属性具体见表 9-3。

表 9-3　HTTPError 属性

属性	说明
code	HTTP 的状态码
reason	引发异常的原因
headers	导致 HTTPError 的特定 HTTP 请求的 HTTP 响应头

注意：如果想用 HTTPError 和 URLError 一起捕获异常，那么需要将 HTTPError 放在 URLError 的前面，如果 URLError 放在前面，出现 HTTP 异常会先响应 URLError，这样 HTTPError 就捕获不到错误信息了。

三、XPth 解析

XPath 全称 XML 路径语言，是一门在 XML 文档中查找信息的语言，最初是用来搜寻 XML 文档的，但同样适用于 HTML 文档的搜索，所以在爬取网页数据时可以使用 XPath 作相应的信息抽取。使用前先需要安装 lxml 库，只需要在终端 cmd 下利用 pip 命令安装即可，操作如下。

```
pip install lxml
```

1.etree 模块

在学习 XPath 的过程中，最先遇到的往往是文档的格式化问题，因为只有正确格式化之后的文档，才能准确利用 XPath 寻找其中的关键信息，要解决这一问题，就需要用到 lxml 库中的 etree 模块。其包含的具体方法见表 9-4。

表 9-4 etree 模块的方法

方法	说明
HTML()	解析 HTML 的文档对象
XML()	解析 XML 的文档对象
paser()	接收一个本地文件，按照文档结构进行解析
Xpath()	实现标签的定位和内容的捕获
tostring()	将节点对象转化为字符串
fromstring()	将字符串转化为节点对象

这里常用到 etree.HTML() 方法来解析字符串格式的 HTML 文档对象，将传进去的字符串转变成 _Element 对象。其语法格式如下。

```
lxml.etree.HTML(text, parser=None, *, base_url=None)
```

参数说明见表 9-5。

表 9-5 HTML 类参数表

参数	说明
text	接收 str，表示需要转换为 HTML 的字符串，无默认值
parser	接收 str，表示选择的 HTML 解析器，无默认值
base_url	接收 str，表示设置文档的原始 url，用于查找外部实体的相对路径，默认为 None

2. 节点定位

在 XPath 中，有七种类型的节点——元素、属性、文本、命名空间、处理指令、注释以及文档节点（或称为根节点）。XPath 使用路径表达式在 XML 文档中选取节点。节点是通过沿着路径或者“step”来选取的。XPath 常用表达式见表 9-6。

表 9-6 XPath 常用表达式

表达式	说明
Nodename	选取此节点的所有子节点
/	表示的是从根节点开始定位，表示的是一个层级
//	从匹配选择的当前节点选择文档中的节点，而不考虑它们的位置
.	选取当前节点
..	选取当前节点的父节点
@	选取属性

1)属性定位

使用 XPath 进行属性定位,可以通过元素 id、name、class 等进行标签的属性定位,通过创建的一个 HTML 文档进行 XPath 属性定位。

2)索引定位

如果一个元素,它的同级元素跟它的标签一样,无法通过层级定位到,这时可以通过索引定位来获取到,首先通过标签属性定位查看这一标签下有多少同级元素。

四、数据提取

创建一个 HTML 本地文件,或者通过上述所学到的 request 模块爬取一段网页数据,如果想要提取其中某个标签下的详细数据,就可以使用 xpath() 方法对想要获取的文本数据进行提取。

1. 提取文本

接下来创建一段简单的源码,进行实例化,然后再使用 xpath() 方法进行解析,代码如下。

```
from lxml import etree
html = "<head><title>hello python</title></head>"
tree = etree.HTML(html)                    # 实例化一个 etree 对象
r = tree.xpath("/html/head/title/text()")    # 通过 xpath 表达式获取 title 里的文本数据
print(r)
```

注意:上述代码中,"/text()" 获取的是标签中直系的文本内容,也可以用 "//text()" 标签中非直系的文本内容,也就是所有的文本内容。

2. 提取标签

使用 XPath 解析数据,如果要获取的是标签,那么则返回对象元素的列表,具体语法如下。

```
xpath('// 标签名 [@ 属性 ]')
```

3. 提取属性

使用 XPath 解析数据,如果要获取的是标签的属性,那么则返回的是字符串列表,具体语法如下。

```
xpath('// 标签名 /@ 属性')
```

五、数据存储

数据库是存放数据的仓库,它的存储空间很大,可以存放百万条、千万条、上亿条数据。但是数据库并不是随意地将数据进行存放的,而是有一定的规则的,否则查询的效率会很低。当今世界是一个互联网世界,充斥着大量的数据。即这个互联网世界就是数据的世界。

数据的来源有很多,比如出行记录、消费记录、浏览的网页、发送的消息等。除了文本类型的数据,图像、音乐、声音等都是数据。数据库是一个按数据结构来存储和管理数据的计算机软件系统。数据库的概念实际包括两层意思。数据库是一个实体,它是能够合理保管数据的“仓库”,用户在该“仓库”中存放要管理的事务数据,“数据”和“库”两个概念结合成为数据库。数据库是数据管理的新方法和技术,能更合适地组织数据、更方便地维护数据、更严密地控制数据和更有效地利用数据。

1.pymysql

Python 操作 MySQL 就是利用 Python 已有的功能模块来进行 MySQL 数据库操作,主要操作的命令就是 SQL 语句,而对于这些 SQL 语句,重点执行的部分就是查询和修改操作。

1)连接数据库

在 Python 里,针对 MySQL 数据库的开发操作提供了 pymysql 模块,首先基于 Windows 环境下进行模块安装,随后再进行数据库的开发操作。具体语法如下。

```
pip install pymysql
```

对于数据库的开发操作,首先需要解决的就是进行数据库的连接,前提条件是数据库的服务一定要开启,同时所有的远程权限也一定要配置成功。在 Python 中可以直接利用 pymysql.connect() 函数获取数据库的选择对象,这样就会返回一个实例对象,通过这个实例对象就可以进行数据库的操作。语法格式如下所示。

```
db = pymysql.connect(host , port , user, password , database , charset)
```

具体参数见表 9-7。

表 9-7　connect() 参数表

类名	描述
host	主机名称
port	端口号
user	用户名
password	密码
database	数据库名称
charset	操作编码(UTF8)

2)数据库语句操作

在数据库之中所保存的全部数据都是可以进行动态增加、修改以及删除处理的,在 pymysql 模块里如果已经可以获取到连接对象,就可以进行数据库的操作处理了。在 pymqsql 库中包含 cursor 对象即游标对象,主要负责执行 SQL 语句。cursor 对象通过调用 connect 对象的 cursor() 方法创建。使用上文创建的 connect 对象 db 获得游标对象,示例代码如下。

```
cs_obj = db.cursor()
```

cursor 对象的常用属性和方法分别见表 9-8 和表 9-9。

表 9-8　cursor 对象的常用属性

属性	说明
rowcount	获取最近一次 execute()执行后受影响的行数
connection	获得当前连接对象

表 9-9　cursor 对象的常用方法

方法	说明
close()	关闭游标
execute(query,args=None)	执行 SQL 语句,返回受影响的行数
fetchall()	执行 SQL 查询语句,将结果集(符号 SQL 语句中条件的所有行集合)中的每行转化为一个元组,再将这些元组装入一个元组返回
fetchone()	执行 SQL 查询语句,获取下一个查询结果集

(1)创建和添加:数据库成功创建一个实例化对象后,再使用 cursor() 方法创建一个游标对象,并且调用 cursor 对象的 execute() 方法来执行数据库的创建和添加功能。传统的 pymysql 组件支持的是原生的 SQL。

(2)数据查询:在使用数据库进行查询时,一般使用的都是 select 子句,如果要通过 pymysql 模块实现查询,就可以在程序里面接收和查询到返回结果。在开发中应该尽可能地控制查询结果的大小,而所有的查询结果都可以理解为一个元组的列表,在 Python 里面每一行的数据都通过元组来进行描述。使用 cursor 对象中的 fetchall() 方法,在 Python 中使用 SQL 语句 查询数据

(3)数据删除:在更新数据的过程中,难免会删除一部分不再需要的数据,在 Python 中使用 SQL 语句进行数据删除

2. pymongo

pymongo 是 Python 中用来操作 MongoDB 的一个库。而 MongoDB 是一个基于分布式文件存储的数据库,旨在为 WEB 应用提供可扩展的高性能数据存储解决方案。支持的数据结构非常松散,其数据类型是 BSON 格式,类似于 JSON,它的字段值可以包含其他文档、数组及文档数组,非常灵活。

1)创建数据库

在 Python 里针对 MongoDB 数据库的开发操作提供了 pymongo 模块,首先基于 Windows 环境下进行模块安装,随后再进行数据库的开发操作。

```
pip install pymongo
```

在 MongoDB 中,数据库只有在内容插入后才会创建。 即数据库创建后要创建集合(

表）并插入一个文档记录，数据库才会真正创建。

2）创建集合

MongoDB 中的集合类似 SQL 的表。在 MongoDB 中，集合只有在内容插入后才会创建。就是说，创建集合（数据表）后要再插入一个文档（记录），集合才会真正创建。

3）文档操作

在进行 MongoDB 数据库文档的操作时，需要学习以下几种操作方法，具体方法见表 9-10。

表 9-10　文档数据操作方法

方法	说明
insert_one()	插入单个文档数据
insert_many()	插入多个文档数据
find_one()	查询单个文档数据
find()	根据指定条件查询文档数据
update_one()	更新单个文档数据
update_many()	根据匹配目标更新多个文档数据
delete_one()	删除单个文档数据
delete_many	删除多个文档数据
sort()	指定升序或降序的排序，1 为升序，-1 为降序，默认为 1

（1）批量添加文档：在创建库的过程中，学习了插入单个文档需要用到 insert_one() 这一方法，这个项目来学习文档的批量插入，批量添加用到 insert_many() 这一方法，并且对文档进行指定 id。

（2）查询文档：MongoDB 中使用了 find() 和 find_one() 方法来查询集合中的数据，它类似于 SQL 中的 SELECT 语句。查询上述 mycollection 集合中的一条数据，使用 find_one() 这一方法。

（3）修改文档：在 MongoDB 中使用 update_one() 方法修改文档中的记录。该方法第一个参数为查询 的条件，第二个参数为要修改的字段。

（4）删除文档：在 MongoDB 中可以使用 delete_one() 方法来删除一个文档，该方法第一个参数为查询对象，指定要删除哪些数据。

任务二　爬取社区数据

【任务描述】

Python 中文开发者社区是一个 Python 开发者学习交流的社区门户网站，也是一个非营利性的公益网站。它致力于壮大 Python 中国开发者群体，帮助 Python 开发者解决开发中遇到的各种问题。本任务将带领大家编写 Python 程序，利用 beautifulsoup4 库，爬取 Python 中文开发者社区基础教程的数据。

【知识链接】

一、网页基础

1.HTML

超文本标记语言（Hyper Text Marked Language，HTML）是一种用于描述网页的语言。它通过不同类型的标签来描述不同的元素，各种标签不同的排列和嵌套形成网页的框架。有的标签还带有属性参数，其语法格式如下。

```
<标签 属性="参数值">
```

常用的标签见表 9-11。

表 9-11 常用的标签

标签	说明
<! DOCTYPE>	定义文档类型
<html>	定义 HTML 文档，标记符是<html></html>
<head>	定义文档的头部，标记符是<head></head>
<title>	定义文档的标题，标记符是<title>文档标题</title>
<body>	定义文档的主体，标记符是<body></body>
<div>	定义文档中的节，标记符是<div></div>
<ul>	定义无序列表，标记符是<ul></ul>
<li>	定义列表项目，标记符是<i></i>
<h1>~<h6>	定义 HTML 标题，<h1>定义最大的标题，<h6>定义最小的标题，标记符是<h1>我的标题</hl>
<p>	定义段落，标记符是<p></p>
<a>	定义超链接目标，标记符是<a href="地址"链接名称</a>

2. DOM

文档对象模型（Document Object Model，DOM）定义了访问 HTML 和可扩展标记语言（Extensible Markup Language，XML）文档的标准。DOM 将 HTML 文档呈现为带有元素、属性和文本的树结构，也称为节点树，如图 9-2 所示。

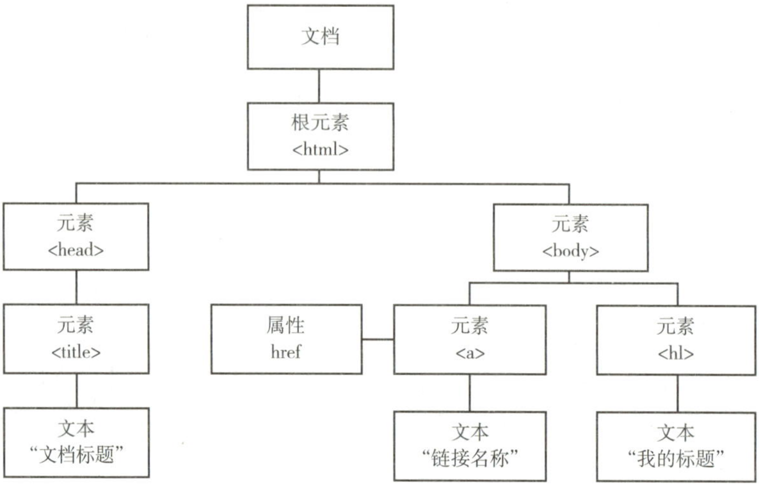

图 9-2　文档树结构

二、beautifulsoup4 库

1. 基本用法

beautifulsoup4 库又称为 BeautifulSoup 库或 bs4 库，用于解析 HTML 或 XMI 文档。它不是 Python 内置的标准库，使用之前需要安装。

beautifulsoup4 库中最重要的是 BeautifulSoup 类，它的实例化对象相当于一个页面。解析网页时，需要使用 BeautifulSoup()创建一个 BeautifulSoup 对象，该对象是一个树形结构，包含了 HTML 页面中的标签元素，如<head>、<body>等。也就是说，HTML 中的主要结构都变成了 BeautifulSoup 对象的一个个属性，然后可通过“对象名. 属性名”方式获取该对象的第一个属性值(即节点)。

每一个 HTML 标签在 beautifulsoup4 库中又是一个对象，称为 Tag 对象，它有四个常用属性，见表 9-12。

表 9-12　Tag 对象的常用属性

属性	说明
name	标签的名字，如 head、title 等，返回一个字符串
string	标签所包围的文字，网页中真实的文字(尖括号之间的内容)，返回一个字符串
attrs	字典，包含了页面标签的所有属性(尖括号内的所有项)，如 href，返回一个字典
contents	标签下所有子标签的内容，返回一个列表

其中，attrs 返回的是标签的所有属性组成的字典类型的数据，可通过“atrrs[属性名]”形式获取属性值。

2.CSS 选择器

beautifulsoup4 库提供了使用 CSS 选择器来选择节点的方法，只需调用 select()方法传入相应的 CSS 选择器即可，常用的选择器见表 9-13。

表 9-13　CSS 选择器

选择器	示例	说明
.class	.intro	选择 class="intro"的所有节点
#id	#firstname	选择 id="firstname"的所有节点
*	*	选择所有节点
element	p	选择所有<p>节点
element，element	div，p	选择所有<div>节点和所有<p>节点
element element	div p	选择<div>节点内部的所有<p>节点
element>element	div>p	选择父节点为<div>节点的所有<p>节点
[attribute]	[target]	选择带有 target 属性的所有节点
[attribute=value]	[target=blank]	选择 target="blank"的所有节点

【任务拓展】

这是一个爬取 Python 中文开发者社区（https：//www.python.org.cn/）数据的程序代码。它可以获取社区最新文章、教程和活动信息，并将结果保存到 CSV 文件中。程序包含了完善的异常处理、请求头伪装和爬取间隔控制，以避免被网站封禁 IP。

```
import requests
from bs4 import BeautifulSoup
import csv
import time
import random
import logging
from urllib.parse import urljoin

# 配置日志
logging.basicConfig(
    level=logging.INFO,
    format='%(asctime)s - %(levelname)s - %(message)s',
    filename='crawler.log'
)

class PythonChinaCrawler:
    """Python 中文开发者社区爬虫"""
    def __init__(self):
        self.base_url = "https://www.python.org.cn/"
        self.headers = {
            'User-Agent': 'Mozilla/5.0 (Windows NT 10.0; Win64; x64) AppleWebKit/537.36 (KHTML,
```

```
like Gecko) Chrome/91.0.4472.124 Safari/537.36',
            'Accept': 'text/html,application/xhtml+xml,application/xml;q=0.9,image/webp,*/*;q=0.8',
            'Accept-Language': 'zh-CN,zh;q=0.9,en;q=0.8',
        }
        self.session = requests.Session()
        self.articles = []
        self.tutorials = []
        self.events = []

    def fetch_page(self, url: str) -> str:
        """获取网页内容"""
        try:
            logging.info(f"正在爬取: {url}")
            response = self.session.get(url, headers=self.headers, timeout=10)
            response.raise_for_status()  # 检查请求是否成功
            response.encoding = response.apparent_encoding  # 自动检测编码
            return response.text
        except requests.exceptions.HTTPError as e:
            logging.error(f"HTTP 错误: {e}")
        except requests.exceptions.Timeout as e:
            logging.error(f"请求超时: {e}")
        except requests.exceptions.RequestException as e:
            logging.error(f"请求异常: {e}")
        return ""

    def parse_articles(self, html: str) -> None:
        """解析文章列表"""
        try:
            soup = BeautifulSoup(html, 'html.parser')
            article_items = soup.select('.article-item')

            for item in article_items:
                title_elem = item.select_one('.article-title a')
                if not title_elem:
                    continue

                title = title_elem.text.strip()
                link = urljoin(self.base_url, title_elem['href'])
                date = item.select_one('.article-date').text.strip()
                author = item.select_one('.article-author').text.strip()

                self.articles.append({
                    'title': title,
                    'link': link,
```

```
                'date': date,
                'author': author
            })

        logging.info(f"成功解析 {len(article_items)} 篇文章")
    except Exception as e:
        logging.error(f"解析文章出错: {e}")

def parse_tutorials(self, html: str) -> None:
    """解析教程列表"""
    try:
        soup = BeautifulSoup(html, 'html.parser')
        tutorial_items = soup.select('.tutorial-item')

        for item in tutorial_items:
            title_elem = item.select_one('.tutorial-title a')
            if not title_elem:
                continue

            title = title_elem.text.strip()
            link = urljoin(self.base_url, title_elem['href'])
            level = item.select_one('.tutorial-level').text.strip()
            description = item.select_one('.tutorial-desc').text.strip()

            self.tutorials.append({
                'title': title,
                'link': link,
                'level': level,
                'description': description
            })

        logging.info(f"成功解析 {len(tutorial_items)} 个教程")
    except Exception as e:
        logging.error(f"解析教程出错: {e}")

def parse_events(self, html: str) -> None:
    """解析活动列表"""
    try:
        soup = BeautifulSoup(html, 'html.parser')
        event_items = soup.select('.event-item')

        for item in event_items:
            title_elem = item.select_one('.event-title a')
            if not title_elem:
```

```
                continue

            title = title_elem.text.strip()
            link = urljoin(self.base_url, title_elem['href'])
            date = item.select_one('.event-date').text.strip()
            location = item.select_one('.event-location').text.strip()

            self.events.append({
                'title': title,
                'link': link,
                'date': date,
                'location': location
            })

        logging.info(f"成功解析 {len(event_items)} 个活动")
    except Exception as e:
        logging.error(f"解析活动出错: {e}")

def save_to_csv(self, data: list, filename: str) -> None:
    """保存数据到 CSV 文件"""
    if not data:
        logging.info(f"数据为空，不保存 {filename}")
        return

    try:
        with open(filename, 'w', newline='', encoding='utf-8-sig') as csvfile:
            fieldnames = list(data[0].keys())
            writer = csv.DictWriter(csvfile, fieldnames=fieldnames)
            writer.writeheader()
            writer.writerows(data)
        logging.info(f"成功保存 {len(data)} 条数据到 {filename}")
    except Exception as e:
        logging.error(f"保存 CSV 出错: {e}")

def crawl(self) -> None:
    """执行爬取任务"""
    try:
        # 爬取文章列表
        articles_page = self.fetch_page(urljoin(self.base_url, "articles"))
        self.parse_articles(articles_page)

        # 爬取教程列表
        tutorials_page = self.fetch_page(urljoin(self.base_url, "tutorials"))
        self.parse_tutorials(tutorials_page)
```

```
            # 爬取活动列表
            events_page = self.fetch_page(urljoin(self.base_url, "events"))
            self.parse_events(events_page)

            # 保存数据
            self.save_to_csv(self.articles, "python_china_articles.csv")
            self.save_to_csv(self.tutorials, "python_china_tutorials.csv")
            self.save_to_csv(self.events, "python_china_events.csv")

            logging.info("爬取任务完成")
        except Exception as e:
            logging.error(f"爬取过程中发生严重错误: {e}")

def main():
    """主程序入口"""
    print("开始爬取 Python 中文开发者社区数据...")
    crawler = PythonChinaCrawler()
    crawler.crawl()
    print("爬取完成,数据已保存到 CSV 文件")

if __name__ == "__main__":
    main()
```

项目总结

本项目主要介绍了 Python 中网络爬虫的相关内容。通过学习,读者应该掌握以下内容。

(1)网络爬虫的工作流程分为爬取网页、解析网页和存储数据三个步骤。

(2)requests 库可通过 get()函数发送 HTTP 请求。

(3)HTTP 请求包括请求的网址、请求方法、请求头和请求体。

(4)beautifulsoup4 库中 Tag 对象的四个属性包括 name、string、attrs 和 contents。

(5)beautifulsoup4 库可通过 select()方法传入 CSS 选择器选择节点。

项目考核

一、选择题

(1)下面不属于解析网页的库是(　　)。

A. 正则表达式　　B. beautifulsoup4　　C. lxml　　D. requests

(2)通过设置 HTTP 请求的(　　)参数可以实现伪装成浏览器访问网页。

A. headers　　B. parser　　C. timeout　　D. data

（3）下面不属于 Response 对象属性的是（　　）。

A. text　　B. content　　C. encoding　　D. txt

（4）下面关于 beautifulsoup4 中 Tag 对象描述错误的是（　　）。

A. name 属性可获取 Tag 对象的名称

B. attrs 属性可获取 Tag 对象的 HTML 属性，返回值为列表形式

C. string 属性可获取 Tag 对象中的文本字符串内容

D. contents 属性可获取 Tag 对象子标签的内容

（5）下面不属于 HTML 标签的是（　　）。

A. a　　B. class　　C. head　　D. title

二、填空题

（1）HTTP 请求由________、__________、____________和________四部分组成。

（2）HTTP 响应由__________、____________和________三部分组成。

（3）使用 CSS 选择器选择所有 div 节点下所有 id 属性值为“top”的子节点的表达式为______。

三、编程题

爬取贝壳租房网站首页的房源信息，并保存到 TXT 文件中，包括标题、位置、楼层、面积、朝向、户型、设施和租金。

项目十

运筹帷幄，决胜千里——办公自动化

思政导读

笔走龙蛇疾如风，案牍纷飞亦从容；运筹帷幄心如水，决胜千里意更浓。这句话描绘了办公时书写迅速、动作敏捷的场景，强调了快速处理事务的能力；表现了即使面对繁杂的文件和事务，也能保持从容不迫的态度，有条不紊地处理；在办公过程中需要冷静思考、沉着应对，像水一样平静而深邃；通过高效办公，能够取得更好的成绩和更大的成功，让人的意志更加坚定。通过生动的比喻和形象的描绘，展现了提高办公效率的重要性和积极意义。

Python 在办公自动化领域越来越受欢迎，因为它可以使办公人员快速上手，批量处理数据，摆脱机械性和重复性的工作。本项目将介绍使用 Python 处理 Excel 和 Word 数据的方法。

学习目标：

- 掌握使用 xlwings 库读写合并和拆分 Excel 工作表，以及批量处理数据的方法；
- 掌握使用 python-docx 库读取和批量替换 Word 文档数据的方法；
- 掌握使用 pywin32 库将 Word 文档批量转换为 PDF 格式，以及在 Word 文档中批量替换关键词的方法；
- 使用 Python 第三方库能实现办公自动化。

素养目标：

- 增强实现办公自动化的能力，提高办公效率；
- 了解我国办公自动化的发展，增强科技兴国的理念和认真学习的信念。

任务一　Python 与 Excel

【任务描述】

工作中经常需要将一个 Excel 工作表中的数据按一定的规则分类填写到多个相同格式的工作表中，如将出货记录按出货日期分分类生成多张出货单。

本任务将带领大家编写 Python 程序，利用 xlwings 库操作 Excel 工作表。

【知识链接】

一、xlwings 库

在现代数据分析和报表生成中，Microsoft Excel 仍然是一款非常流行和强大的工具。与此同时，Python 作为一种高级编程语言，具备出色的数据处理和分析能力。那么，有没有一种方法可以将 Excel 和 Python 完美结合，以发挥它们各自的优势。答案是肯定的，而这个方法的关键就是 xwings。

xwings 是一个用于在 Excel 中集成 Python 的强大工具，允许在 Excel 中调用 Python 函数，将 Python 脚本嵌入到 Excel 工作簿中，以便在 Excel 中进行数据处理、分析和可视化。xlwings 的目标是将 Excel 和 Python 进行无缝集成，充分利用两者的强大功能。

1.xlwings 的特点

1）Python 与 VBA 的集成

xlwings 允许在 Excel 中使用 Python 代码，与 Excel 的 VBA 宏一起工作。这意味着可以利用 Python 的强大数据分析库，同时保留 VBA 的灵活性。

2）双向数据传输

xiwings 支持在 Excel 和 Python 之间进行双向数据传输，可以将 Excel 中的数据传递给 Python 进行分析，然后将结果返回到 Excel 进行报表生成。

3）跨平台

xlwings 支持 Windows 和 macOS，因此可以在不同操作系统上使用相同的代码来处理 Excel 数据。

4）免费开源

xlwings 是开源的，并且免费使用，使其成为广大 Python 开发者和数据分析师的理想选择。

2.xlwings 的逻辑结构

xlwings 的逻辑结构如下所示。

```
xlwings.apps.books.sheets.range
```

参数说明如下：apps 表示当前打开的多个 excel 应用；books 表示单个 excel 应用中打开

的多个 xls/xlsx 文件；sheets 表示单个 book 中的多个 sheets；range 表示单个 sheet 中的范围。

二、常用 Excel 操作说明

1.app

（1）app = xw.App(visible=True, add_book=False)：用于打开一个 Excel 程序。add_book 如为 True，则打开的 Excel 会默认生成一个新建的 book。

（2）wb1 = app.books.open(filename)和 wb2 =xw.Book(filename)：这两种方法都是打开一个 book，前者是在一个 app 中打开，而后者是每打开一个 book，都会打开一个 app。

（3）wb1.quit()：表示退出，但不会保存。

2.book

（1）wb.sheets：用于获得一个 book 中的所有的 sheet 的集合。

（2）wb.sheets(sheetname)和 wb.sheets[index]：两者都是打开一个 sheet，前者用 sheetname，后者用索引。

（3）new_wb=wb1.sheets.add(name='newshtname', after='sheet1')：用于在 sheet1 后面新建一张名为 newshtname 的 sheet，并返回给 new_wb。

3.sheet

（1）sheet.autofit(axis=None)：用于自适应。axis=r（c）则对行（列）做自适应，无参数则对整个 sheet 做自适应。

（2）copyed=sht.copy(name='abc', after=sht)：将 sht 管理的 sheet 复制成名为 abc 的 sheet，放在 sht 的后面，并返回给 copyed 对象。

（3）sht.range(r, c)：返回一个 *r* 行 *c* 列的单元格。这里的行列的起始索引都是 1，这点要注意。

4.range

（1）range（r，c）、range((r1，c1)，(r2，c2))、range('A3')、range('A1：B5')：这些都返回 sheet 里的一片区域。

（2）range.clear()和 range.clear_contents()：表示前者清除区域的内容和格式，后者仅清除区域内的内容。

（3）range.color()：用于获取区域内的颜色。

（4）old_range.copy(new_range)：用于将 old_range 中的内容复制到 new_range 中。new_range 可以是其第一个单元格。

（5）range.expand(mode='table')：扩展当前 range 的范围。mode 默认为 table，但可以取 down、right，table 指的是在行列方向上的扩展，而 down、right 是行或列的扩展，而且它的扩展是有前提条件的。如果在扩展方向上有空白单元格，则停止扩展。

（6）range.offset(rowoffset，coloffset)：返回一个从指定单元格为起始点的区域对象。

（7）options(convert=None，**options)：允许用户设定转换器和相关的选项。转换器定义了 Excel 的区域及其值在读写过程中如何转换。如果没有明确指定转换器，会使用基转换器（base converter），这个 options 很强大，主要是进行一些转换。目前只用了 ndim，它表示维数。

（8）eg. range.options(ndim=2)：可以将一个一维列表转换成二维。

（9）range.resize(row_size=None, column_size=None)：调整当前 range 的范围，和 expand 不一样。调整后范围为以 range 的左上角为起点为，高为 row_size，宽为 column_size 的一片区域

任务二 Python 与 Word

【任务描述】

在工作中经常会处理一些主要内容相同，只有部分变化的文档，如邀请函、成绩单、合同、通知等。如果可以按照模板批量处理，将会大大减少工作量，提高工作效率。

本任务将带领大家编写 Python 程序，利用 python-docx 库和 pywin32 库操作 Word 文档。

【知识链接】

Python 提供了两个常用的库操作 Word 文档，分别为 python-docx 库和 pywin32 库。python-docx 库不依赖操作系统，可跨平台操作 Word 文档，但只支持 docx 格式；pywin32 库直接对 Word 程序进行操作，可以操作不同格式的文档，但只支持 Windows 系统，且必须安装 Word 软件。

一、python-docx 库

python-docx 库处理 Word 文档的方式是面向对象的，它会把文档中的段落、文本、字体、表格等都看作对象，对对象进行处理就是对 Word 文档的内容进行处理。如导入 python-docx 库，新建 Wrod 文档、一级、二级、三级标题、自然段，设置字体格式，在指定位置添加图片，在指定位置添加表格，文档另存为等。具体代码操作如下。

```
# 1、导入 python-docx 库
from docx import Document
from docx.shared import Inches

document = Document()
document.add_heading('Document Title', 0)

# 2、新建 wrod 文档、一级、二级、三级标题、自然段
p = document.add_paragraph('A plain paragraph having some ')
```

```
# 3、设置字体格式
p.add_run('bold').bold = True
p.add_run(' and some ')
p.add_run('italic.').italic = True

document.add_heading('Heading, level 1', level=1)
document.add_paragraph('Intense quote', style='Intense Quote')

document.add_paragraph('first item in unordered list', style='List Bullet')
document.add_paragraph('first item in ordered list', style='List Number')

# 4、在指定位置添加图片
document.add_picture('monty-truth.png', width=Inches(1.25))

records = (
    (3, '101', 'Spam'),
    (7, '422', 'Eggs'),
    (4, '631', 'Spam, spam, eggs, and spam')
)
# 5、在指定位置添加表格
table = document.add_table(rows=1, cols=3)
hdr_cells = table.rows[0].cells
hdr_cells[0].text = 'Qty'
hdr_cells[1].text = 'Id'
hdr_cells[2].text = 'Desc'
for qty, id, desc in records:
    row_cells = table.add_row().cells
    row_cells[0].text = str(qty)
    row_cells[1].text = id
    row_cells[2].text = desc

document.add_page_break()
# 6、文档另存为
document.save('demo.docx')
```

二、pywin32 库

在 Windows 平台上，pywin32 库是一个不可或缺的工具，它提供了许多 Windows API 的封装，使得 Python 能够与 Windows 系统进行深层次的交互。

在开始使用 pywin32 之前，首先需要确保 Python 已经安装在你的计算机上。接下来，通过 pip 安装 pywin32 库非常简单。

```
pip install pywin32
```

如果用户使用的是 Python 的虚拟环境，确保在激活环境后执行上述命令。

1. 常用接口的使用方法

pywin32 库提供了大量的接口，这里将介绍几个常用的功能。

1）系统信息获取

使用 win32api 模块，可以轻松获取系统信息。例如，获取当前操作系统版本操作如下。

```
import win32api
ver = win32api.GetVersion()
print(f"操作系统版本: {ver['Version']}")
```

2）文件操作

win32file 模块允许你进行文件和目录的操作。例如，创建一个新文件操作如下。

```
import win32file
#创建一个新文件
win32file.CreateFile('example.txt', win32file.GENERIC_WRITE, win32file.SHARE_READ, None, win32file.
CREATE_NEW, win32file.FILE_ATTRIBUTE_NORMAL, None)
```

3）注册表操作

通过 win32api 模块，你可以访问和修改 Windows 注册表。例如，读取注册表中的某个值操作如下。

```
import win32api
#读取注册表中的值
value, type_ = win32api.RegQueryValue(win32api.HKEY_CURRENT_USER, r'Software\Python\Python-
Core\3.8\InstallPath')
print(f"Python 安装路径: {value}")
```

2. 进阶用法

pywin32 库的进阶用法涉及更复杂的 API 调用和多线程编程。这里简单介绍一下如何使用 pywin32 进行多线程编程。

1）多线程

使用 win32api 模块中的 PyBeginAllowThreads 和 PyEndAllowThreads 可以创建一个线程，在这个线程中可以执行 Windows API 的调用。具体代码如下所示。

```
import win32api
import threading

def thread_func():
    win32api.MessageBox(0, "Hello from a thread!", "Thread Message Box")
```

```
thread = threading.Thread(target=thread_func)
thread.start()
thread.join()
```

2）异常报错处理

在使用 pywin32 库时，可能会遇到各种异常。正确处理这些异常是编写健壮代码的关键。具体代码如下所示。

```
import win32api
import win32con

try:
    win32api.MessageBox(0, "Error Test", "Test")
except win32api.error as e:
    print(f"发生错误: {e}")
```

3）全屏截图法

首先获取了桌面窗口的句柄（hwnd），然后通过 win32api 模块获取了屏幕的尺寸和位置。接下来，创建了一个与桌面窗口相同尺寸的位图，并将其与屏幕关联起来。之后通过 BitBltf 函数将屏幕内容拷贝到位图中。最后将位图保存到文件中。具体代码如下所示。

```
import win32gui
import win32ui
import win32con
import win32api

def capture_desktop(output_path="screenshot.bmp"):
    """
    截取当前 Windows 桌面并保存为 BMP 文件

    参数:
    output_path (str): 截图保存路径，默认为 screenshot.bmp
    """
    # 获取桌面窗口句柄
    hwnd = win32gui.GetDesktopWindow()

    # 获取屏幕尺寸
    width = win32api.GetSystemMetrics(win32con.SM_CXVIRTUALSCREEN)
    height = win32api.GetSystemMetrics(win32con.SM_CYVIRTUALSCREEN)
    left = win32api.GetSystemMetrics(win32con.SM_XVIRTUALSCREEN)
    top = win32api.GetSystemMetrics(win32con.SM_YVIRTUALSCREEN)

    # 获取桌面窗口的设备上下文
```

```
    hdc_screen = win32gui.GetWindowDC(hwnd)
    hdc_memdc = win32ui.CreateDCFromHandle(hdc_screen)

    # 创建位图对象
    hbitmap = win32ui.CreateBitmap()
    hbitmap.CreateCompatibleBitmap(hdc_memdc, width, height)

    # 选择位图对象
    hdc_memdc.SelectObject(hbitmap)

    # 将屏幕内容拷贝到位图中
    hdc_memdc.BitBlt((0, 0), (width, height), hdc_screen, (left, top), win32con.SRCCOPY)

    # 保存位图到文件
    hbitmap.SaveBitmapFile(hdc_memdc, output_path)

    # 释放资源
    win32gui.DeleteObject(hbitmap.GetHandle())
    hdc_memdc.DeleteDC()
    win32gui.ReleaseDC(hwnd, hdc_screen)

    print(f"桌面截图已保存至: {output_path}")

if __name__ == "__main__":
    capture_desktop()
```

4）指定区域截图法

通过 win32gui 模块的 GetWindowRect 函数获取了桌面窗口的四个边界坐标，然后计算出截图的宽度和高度。接下来的步骤与全屏截图相同。具体代码如下所示。

```
import win32gui
import win32ui
import win32con
import win32api

def capture_desktop_window(output_path="window_screenshot.bmp"):
    """
    截取桌面窗口区域并保存为 BMP 文件

    参数:
    output_path (str): 截图保存路径，默认为 window_screenshot.bmp
    """
    # 获取桌面窗口句柄
    hwnd = win32gui.GetDesktopWindow()
```

```
    # 获取窗口边界坐标
    left, top, right, bottom = win32gui.GetWindowRect(hwnd)
    width = right - left
    height = bottom - top

    # 获取窗口的设备上下文
    hdc_screen = win32gui.GetWindowDC(hwnd)
    hdc_memdc = win32ui.CreateDCFromHandle(hdc_screen)

    # 创建位图对象
    hbitmap = win32ui.CreateBitmap()
    hbitmap.CreateCompatibleBitmap(hdc_memdc, width, height)

    # 选择位图对象
    hdc_memdc.SelectObject(hbitmap)

    # 将窗口内容拷贝到位图中
    hdc_memdc.BitBlt((0, 0), (width, height), hdc_screen, (0, 0), win32con.SRCCOPY)

    # 保存位图到文件
    hbitmap.SaveBitmapFile(hdc_memdc, output_path)

    # 释放资源
    win32gui.DeleteObject(hbitmap.GetHandle())
    hdc_memdc.DeleteDC()
    win32gui.ReleaseDC(hwnd, hdc_screen)

    print(f"桌面窗口截图已保存至: {output_path}")
    print(f"截图尺寸: {width} x {height} 像素")

if __name__ == "__main__":
    capture_desktop_window()
```

【项目拓展】

智能型办公自动化是指利用人工智能技术，对传统的办公自动化系统进行高效升级改造，使其更加自动化、智能化。智能型办公自动化系统可以帮助企业提高办公效率、降低成本、提升竞争力。以下为智能办公系统的应用程序代码，读者可自行理解和体会。

```
import os
import re
```

```
import json
import datetime
import pandas as pd
import numpy as np
from PIL import Image
import pytesseract
import nltk
from nltk.tokenize import sent_tokenize
from nltk.corpus import stopwords
from sklearn.feature_extraction.text import TfidfVectorizer
from sklearn.cluster import KMeans
import matplotlib.pyplot as plt
from datetime import datetime, timedelta
import smtplib
from email.mime.text import MIMEText
from email.mime.multipart import MIMEMultipart
from email.mime.application import MIMEApplication

# 确保 NLTK 数据已下载
nltk.download('punkt')
nltk.download('stopwords')

class IntelligentOfficeSystem:
    """智能办公自动化系统"""
    def __init__(self, config_file="config.json"):
        self.config = self._load_config(config_file)
        self.documents = []
        self.tasks = []
        self.meetings = []
        self.reminders = []

    def _load_config(self, config_file):
        """加载系统配置"""
        try:
            with open(config_file, 'r', encoding='utf-8') as f:
                return json.load(f)
        except FileNotFoundError:
            return {
                "smtp_server": "smtp.example.com",
                "smtp_port": 587,
                "email": "your_email@example.com",
                "password": "your_password",
                "ocr_path": r"C:\Program Files\Tesseract-OCR\tesseract.exe"
            }
```

```
def process_document(self, file_path):
    """处理文档（OCR 识别、内容分析）"""
    try:
        file_ext = os.path.splitext(file_path)[1].lower()

        if file_ext in ['.jpg', '.png', '.jpeg']:
            # 图片文档：OCR 识别
            pytesseract.pytesseract.tesseract_cmd = self.config["ocr_path"]
            text = pytesseract.image_to_string(Image.open(file_path), lang='chi_sim+eng')
            content_type = "图像文档"

        elif file_ext in ['.txt', '.docx', '.pdf']:
            # 文本类文档：简单读取（实际应使用 docx/pdf 库）
            with open(file_path, 'r', encoding='utf-8') as f:
                text = f.read()
            content_type = "文本文档"

        else:
            print(f"不支持的文件类型: {file_ext}")
            return None

        # 文档内容分析
        summary = self._summarize_text(text)
        keywords = self._extract_keywords(text)
        category = self._classify_document(text)

        document = {
            "file_path": file_path,
            "content_type": content_type,
            "text": text,
            "summary": summary,
            "keywords": keywords,
            "category": category,
            "timestamp": datetime.now().strftime("%Y-%m-%d %H:%M:%S")
        }

        self.documents.append(document)
        print(f"文档处理完成: {file_path}")
        return document

    except Exception as e:
        print(f"文档处理失败: {e}")
        return None
```

```
def _summarize_text(self, text, num_sentences=3):
    """自动生成文本摘要"""
    sentences = sent_tokenize(text)
    if len(sentences) <= num_sentences:
        return text

    # 简单的基于 TF-IDF 的摘要提取
    vectorizer = TfidfVectorizer(stop_words=stopwords.words('chinese') + stopwords.words('english'))
    sentence_vectors = vectorizer.fit_transform(sentences)

    # 计算句子相似度
    similarity_matrix = np.dot(sentence_vectors, sentence_vectors.T).toarray()

    # 提取得分最高的句子
    scores = {}
    for i in range(len(sentences)):
        scores[i] = sum(similarity_matrix[i])

    top_sentences = sorted(scores.items(), key=lambda x: x[1], reverse=True)[:num_sentences]
    top_sentences = sorted(top_sentences, key=lambda x: x[0])

    return " ".join([sentences[i] for i, _ in top_sentences])

def _extract_keywords(self, text, top_n=5):
    """提取文本关键词"""
    # 分词并去除停用词
    tokens = nltk.word_tokenize(text.lower())
    stop_words = set(stopwords.words('chinese') + stopwords.words('english'))
    tokens = [token for token in tokens if token.isalnum() and token not in stop_words]

    # 计算词频
    freq_dist = nltk.FreqDist(tokens)
    return [word for word, freq in freq_dist.most_common(top_n)]

def _classify_document(self, text):
    """文档分类（简单示例）"""
    categories = {
        "技术文档": ["编程", "代码", "开发", "技术", "算法"],
        "财务报告": ["收入", "支出", "利润", "预算", "财务"],
        "会议记录": ["会议", "讨论", "决议", "议程", "总结"],
        "人力资源": ["招聘", "员工", "培训", "绩效", "福利"]
    }
```

```
        # 简单匹配分类
        for category, keywords in categories.items():
            if any(keyword in text for keyword in keywords):
                return category

        return "其他"

    def schedule_meeting(self, title, date_time, participants, agenda=None):
        """安排会议"""
        meeting = {
            "title": title,
            "date_time": date_time,
            "participants": participants,
            "agenda": agenda,
            "status": "计划中",
            "reminders": []
        }

        # 添加默认提醒（会议前 30 分钟）
        reminder_time = date_time - timedelta(minutes=30)
        self.add_reminder(f"会议: {title}", reminder_time, related_object=meeting)

        self.meetings.append(meeting)
        print(f"会议已安排: {title} ({date_time})")

        # 自动发送会议通知
        self.send_meeting_notification(meeting)

        return meeting

    def add_task(self, description, assignee, due_date, priority="中"):
        """添加任务"""
        task = {
            "description": description,
            "assignee": assignee,
            "due_date": due_date,
            "priority": priority,
            "status": "未开始",
            "created_at": datetime.now()
        }

        self.tasks.append(task)
        print(f"任务已添加: {description} (负责人: {assignee})")
```

```
        # 添加截止日期提醒
        reminder_time = due_date - timedelta(hours=24)  # 提前 1 天提醒
        self.add_reminder(f"任务截止: {description}", reminder_time, related_object=task)

        return task

    def add_reminder(self, message, time, related_object=None):
        """添加提醒"""
        reminder = {
            "message": message,
            "time": time,
            "related_object": related_object,
            "sent": False
        }

        self.reminders.append(reminder)
        print(f"提醒已设置: {message} ({time})")
        return reminder

    def check_reminders(self):
        """检查并发送提醒"""
        current_time = datetime.now()
        reminders_to_send = []

        for reminder in self.reminders:
            if not reminder["sent"] and reminder["time"] <= current_time:
                reminders_to_send.append(reminder)
                reminder["sent"] = True

        for reminder in reminders_to_send:
            print(f"发送提醒: {reminder['message']}")
            # 实际应用中这里可以发送邮件、短信或推送通知
            self._send_notification(reminder["message"])

    def _send_notification(self, message):
        """发送通知(示例实现)"""
        # 实际应用中可以集成邮件、短信、推送等通知方式
        print(f"通知: {message}")

    def send_meeting_notification(self, meeting):
        """发送会议通知邮件"""
        try:
            msg = MIMEMultipart()
            msg['From'] = self.config["email"]
```

```
        msg['To'] = ", ".join(meeting["participants"])
        msg['Subject'] = f"会议通知: {meeting['title']}"

        body = f"""
        <h3>会议通知</h3>
        <p><strong>主题:</strong> {meeting['title']}</p>
        <p><strong>时间:</strong> {meeting['date_time']}</p>
        <p><strong>参会人:</strong> {", ".join(meeting["participants"])}</p>
        <p><strong>议程:</strong> {meeting['agenda'] or '无'}</p>
        <p><small>此通知由智能办公系统自动发送</small></p>
        """

        msg.attach(MIMEText(body, 'html', 'utf-8'))

        # 发送邮件
        with smtplib.SMTP(self.config["smtp_server"], self.config["smtp_port"]) as server:
            server.starttls()
            server.login(self.config["email"], self.config["password"])
            server.send_message(msg)

        print(f"会议通知已发送给: {', '.join(meeting['participants'])}")

    except Exception as e:
        print(f"发送会议通知失败: {e}")

def analyze_tasks(self):
    """分析任务数据"""
    if not self.tasks:
        print("没有任务数据可供分析")
        return

    # 转换为 DataFrame 进行分析
    df = pd.DataFrame(self.tasks)

    # 任务状态统计
    status_counts = df['status'].value_counts()

    # 优先级分布
    priority_dist = df['priority'].value_counts()

    # 按负责人统计任务数量
    assignee_tasks = df.groupby('assignee').size()

    print("\n=== 任务分析报告 ===")
```

```
        print("任务状态分布:")
        print(status_counts)
        print("\n 任务优先级分布:")
        print(priority_dist)
        print("\n 各负责人任务数量:")
        print(assignee_tasks)

        # 可视化
        fig, axes = plt.subplots(1, 2, figsize=(12, 5))

        status_counts.plot(kind='bar', ax=axes[0], title='任务状态分布')
        priority_dist.plot(kind='pie', ax=axes[1], title='任务优先级分布', autopct='%1.1f%%')

        plt.tight_layout()
        plt.savefig('task_analysis.png')
        print("任务分析图表已保存为 task_analysis.png")


# 演示智能办公系统的使用
def main():
    # 初始化系统
    system = IntelligentOfficeSystem()

    # 1. 文档处理示例
    print("\n=== 文档处理演示 ===")
    system.process_document("meeting_notes.jpg")  # 假设这是一个会议记录的图片
    system.process_document("project_plan.txt")  # 项目计划文档

    # 2. 会议安排示例
    print("\n=== 会议安排演示 ===")
    meeting_time = datetime.now() + timedelta(days=1, hours=10)  # 明天上午 10 点
    system.schedule_meeting(
        title="周进度汇报会",
        date_time=meeting_time,
        participants=["manager@company.com", "developer1@company.com", "developer2@company.
com"],
        agenda="讨论项目进展和下周计划"
    )

    # 3. 任务管理示例
    print("\n=== 任务管理演示 ===")
    due_date = datetime.now() + timedelta(days=3)  # 3 天后截止
    system.add_task(
        description="完成智能办公系统的文档模块",
```

```
            assignee="developer1@company.com",
            due_date=due_date,
            priority="高"
        )

        system.add_task(
            description="优化会议安排算法",
            assignee="developer2@company.com",
            due_date=due_date + timedelta(days=2),    # 5 天后截止
            priority="中"
        )

        # 4. 检查提醒
        print("\n=== 提醒检查演示 ===")
        system.check_reminders()

        # 5. 数据分析
        print("\n=== 数据分析演示 ===")
        system.analyze_tasks()


if __name__ == "__main__":
    main()
```

项目总结

本项目主要介绍了 Python 中办公自动化的相关内容。通过本项目的学习,读者应重点掌握以下内容。

(1)xlwings 库不仅能读、写和修改两种格式的工作簿(xls 和 xlsx),还能批量处理多个工作簿。

(2)使用 xlwings 库操作 Excel 的基本步骤按照 xlwings 库的逻辑(Excel 程序→工作簿→工作表→区域)操作即可。

(3)python-docx 库处理 Word 文档的方式是面向对象的,它会把文档中的段落、文本、字体等都看作对象,对对象进行处理就是对 Word 文档的内容进行处理。

项目考核

一、编程题

请生成超市多个品类出货清单合并成一个出货记录。

参考文献

References

[1]　李福清，吴炎太. 人工智能基础：Python 实现[M]. 北京：人民邮电出版社，2025.

[2]　王旭涛.Python 网络运维自动化[M]. 北京：人民邮电出版社，2025.

[3]　王正，包琼，李凌春.Python 程序设计实验指导[M]. 北京：人民邮电出版社，2025.

[4]　黑马程序员.Python 程序开发案例教程[M]. 北京：中国铁道出版社，2024.

[5]　孙海龙，王济军.Python 程序设计基础教程[M]. 北京：企业管理出版社，2024.

[6]　龙胜春.Python 程序设计基础教程[M]. 北京：清华大学出版社，2024.

[7]　王杨，常东超.Python 语言程序设计[M]. 北京：化学工业出版社，2024.